农业生产安全类

新农村热点话题科普常识系列丛书

农村气象灾害与防御知识

中国农村技术开发中心组织

刘莉红 主编 白启云 主审

中国劳动社会保障出版社

图书在版编目(CIP)数据

农村气象灾害与防御知识/刘莉红主编．—北京：中国劳动社会保障出版社，2010

新农村热点话题科普常识系列丛书（农业生产安全类）

ISBN 978-7-5045-8572-1

Ⅰ．①农…　Ⅱ．①刘…　Ⅲ．①农业气象-气象灾害-灾害防治-基本知识　Ⅳ．①S42

中国版本图书馆 CIP 数据核字(2010)第 156413 号

中国劳动社会保障出版社出版发行

（北京市惠新东街 1 号　邮政编码：100029）

出 版 人：张梦欣

*

中国铁道出版社印刷厂印刷装订　新华书店经销

787 毫米×1092 毫米　32 开本　5.875 印张　118 千字

2010 年 8 月第 1 版　　2012 年 5 月第 17 次印刷

定价：15.00 元

读者服务部电话：010－64929211/64921644/84643933

发行部电话：010－64961894

出版社网址：http：//www.class.com.cn

新农村热点话题科普常识系列丛书
编委会

本书编写人员

主　　编　刘莉红
副 主 编　刘晓玲　孟燕萍
编写人员　张　辉　耿德翔　李　伟　贾彩萍
主　　审　白启云

内容简介

气象灾害是发生最为频繁而又容易造成严重损失的自然灾害。干旱、洪涝、台风、暴雨、冰雹等灾害危及人民生命和财产的安全，也使国民经济遭受极大的损失。

我国农业人口众多，农村的基础设施等抗灾条件、农民的防灾减灾意识和应对能力比较薄弱，每年因气象灾害而导致的死亡人员90%以上发生在农村，因各种气象灾害造成的农作物受灾面积达5 000万公顷、经济损失达2 000多亿元，严重影响农业生产和困扰农民的生活，因此普及农村气象安全知识势在必行。

本书主要介绍了暴雨、山洪、雷电、干旱、雪灾、台风、沙尘暴等各种天气现象的特点、对农业生产和生活的危害，以及防御措施。目的是帮助农民朋友提高防灾减灾意识，掌握气象灾害的有关知识，增强农村气象灾害防御能力，最大限度地避免人员伤亡和减轻气象灾害造成的损失。

本书由中国气象局有关专家编写，内容通俗易懂、有益实用，适合农村基层干部和农民朋友阅读，也可作为各省市气象部门培训气象信息员的辅助用书。

前　言

党的“十七大”明确指出，解决好农业、农村、农民问题，事关全面建设小康社会的大局，必须始终作为全党工作的重中之重。当前，我国农业正处于从数量型向数量与质量效益型并重转变的新阶段，发展有中国特色的现代农业、建设社会主义新农村成为当前农业农村工作的重要任务。而加强农村人才队伍建设，把农业发展方式转到依靠科技进步和提高劳动者素质上来是根本，培养一批能够促进农村经济发展、引领农民思想变革、带领群众建设美好家园的农业科技人员是保证，培育一批有文化、懂技术、会经营的新型农民是关键。

为更好地在农村普及科技文化知识，树立先进思想理念，倡导绿色健康生产生活方式，中国农村技术开发中心组织相关领域的专家，从农业生产安全、农产品加工与运输安全、农村生活安全等热点话题入手，编写了“新农村热点话题科普常识系列丛书”，首批推出的图书有《农业生产安全基本知识》《农机具安全使用知识》《农药安全使用知识》《兽药安全使用知识》《农产品加工与运输安全知识》《农村生活安全基本知识》《农村气象灾害与防御知识》。该套丛书采用讲座和讨论等形式，通俗易懂、图文并茂、深入浅出地介绍了大量普及性、实用性的农村实用知识和技能。希望这套丛书能够为广大农民朋友、农业科技人员、农村经纪人和农村基层干部提供一个良好的学习材料，增加科技知识，强化科技意识，为安全生产、健康生活起到技术指导和咨询作用。

本套丛书在编写过程中得到了中国农业科学院和中国气象局培训中心等单位众多专家的大力支持。参与编写的专家倾注了大量心血，付出了辛勤的劳动，将多年丰富的实践经验奉献给读者。主审专家投入了大量时间和精力，提出了许多建设性的意见和建议，特此表示衷心感谢。

由于编者水平有限，时间仓促，书中错误或不妥之处在所难免，衷心希望广大读者批评指正。

编委会

二〇一〇年九月

目录

第一讲 暴雨灾害与防御

话题1　暴雨及其预警

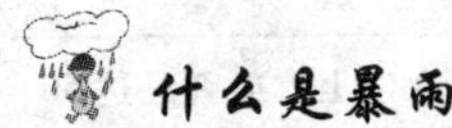

什么是暴雨

人们通常认为，暴雨就是在瞬间下得很大的雨，常用“倾盆大雨”“瓢泼大雨”等来形容。但在气象学里，暴雨是按照一天的降雨量来衡量和定义的。我国气象部门规定，24小时降水量为50毫米或以上的雨称为“暴雨”。按其降水强度大小又分为三个等级，即24小时降水量为50～100毫米称为“暴雨”；100～200毫米称为“大暴雨”；200毫米以上称为“特大暴雨”。

由于各地降水和地形特点不同，所以各地暴雨洪涝的标准也有所不同。特大暴雨是一种灾害性天气，往往造成洪涝灾害和严重的水土流失，导致工程失事、堤防溃决和农作物被淹等重大的经济损失。特别是对于一些地势低洼、地形闭塞的地区，雨水不能迅速宣泄，造成农田积水和土壤水分过度饱和，会带来更多的灾害。但适度的暴雨又是重要的农业水利资源，可用来兴修水利。

暴雨预警信号及其含义

暴雨预警信号分为四级，分别以蓝色、黄色、橙色、红色表示，如图 1—1 所示。

图 1—1　暴雨预警信号等级标志

1. 暴雨预警信号标准

暴雨预警信号等级	标　　准
暴雨蓝色预警信号	12 小时内降雨量将达 50 毫米以上，或者已达 50 毫米以上，且降雨可能持续
暴雨黄色预警信号	6 小时内降雨量将达 50 毫米以上，或者已达 50 毫米以上，且降雨可能持续
暴雨橙色预警信号	3 小时内降雨量将达 50 毫米以上，或者已达 50 毫米以上，且降雨可能持续
暴雨红色预警信号	3 小时内降雨量将达 100 毫米以上，或者已达 100 毫米以上，且降雨可能持续

2. 暴雨预警信号的含义

当气象部门发布暴雨预警信号时，意味着政府、有关单位、农业部门、城市和乡村居民等需要做好相应的防御准备工作。

（1）暴雨蓝色预警防御指南

- 政府及相关部门按照职责做好防暴雨准备工作。
- 学校、幼儿园采取适当措施，保证学生和幼儿安全。
- 驾驶人员应当注意道路积水和交通阻塞，确保安全。

● 检查农田、鱼塘排水系统，做好排涝准备。

（2）暴雨黄色预警防御指南

● 政府及相关部门按照职责做好防暴雨工作。

● 切断低洼地带有危险的室外电源，暂停在空旷地方的户外作业，转移危险地带人员和危房居民到安全场所避雨。

● 检查农田、鱼塘排水系统，采取必要的排涝措施。

（3）暴雨橙色预警防御指南

● 政府及相关部门按照职责做好防暴雨应急工作。

● 切断有危险的室外电源，暂停户外作业。

● 处于危险地带的单位应当停课、停业，采取专门措施保护已到校学生、幼儿和其他户外人员的安全。

● 做好农田的排涝，注意防范可能引发的山洪、滑坡、泥石流等灾害。

（4）暴雨红色预警防御指南

● 政府及相关部门按照职责做好防暴雨应急和抢险工作。

● 停止集会、停课、停业（除特殊行业外）。

● 做好山洪、滑坡、泥石流等灾害的防御和抢险工作。

话题2　暴雨的危害与防御

暴雨的直接危害及衍生危害

暴雨的危害有直接危害和衍生危害，如图1—2所示。

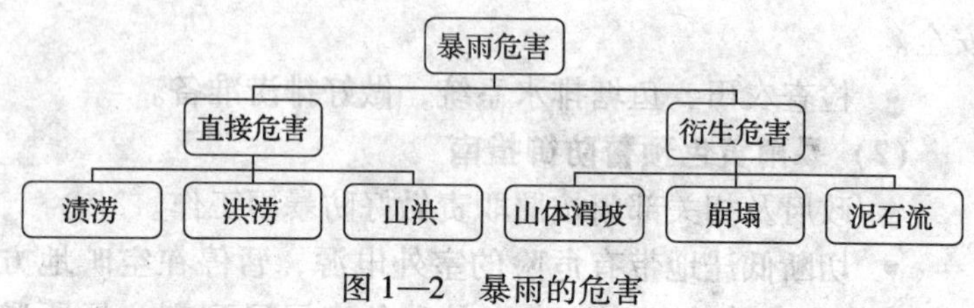

图 1—2　暴雨的危害

1. 暴雨的直接危害

● **渍涝危害**　由于暴雨急而大，排水不畅易引起积水成涝，土壤孔隙被水充满，造成陆生植物根系缺氧，使根系生理活动受到抑制，加强了嫌气过程，产生有毒物质，使作物受害而减产。

● **洪涝灾害**　由暴雨引起的洪涝淹没作物，使作物新陈代谢难以正常进行而发生各种灾害。淹水越深，淹没时间越长，危害越严重。

● **山洪暴发**　特大暴雨引起的山洪暴发、河流泛滥，不仅危害农作物、果树、林业和渔业，而且还会冲毁农舍和工农业设施，甚至造成人畜伤亡，经济损失严重。

2. 暴雨的衍生危害

● **山体滑坡**　在暴雨季节，有些山体长时间被雨水浸泡，表面山石和泥土松动后容易产生山体滑坡。但也有的滑坡是因滥采滥伐、开采不当等人为因素引起的。公路边坡、施工挖土现场等是山体崩塌的多发地段。

● **崩塌**　崩塌易发生在较为陡峭的斜坡地段。崩塌常导致道路中断、堵塞，或坡脚处建筑物毁坏倒塌，如发生洪水还可能直接转化成泥石流。更严重的是，因崩塌堵河断流而形成天然坝，引起上游回水，使江河溢流，造成水灾。

● **泥石流** 泥石流是山地沟谷中由洪水引发的携带大量泥沙、石块的洪流。泥石流来势凶猛，而且经常与山体崩塌相伴相随，对农田和道路、桥梁、建筑物等破坏性极大。

案例 2010年5月6日和5月13日，两次大暴雨导致湖南省新化县全县29个乡镇场办的38万人受灾，总计直接经济损失9.4亿元。大暴雨造成全县山体滑坡、泥石流和崩塌16 200处，倒塌损坏房屋14 200间，156人受伤，9人死亡。全县基础设施和工农业生产损失惨重。

暴雨的防御措施

1. 预防

● 农村居民建房时，应选择地势较高、坡势较缓的房址，房基部分要注意加固，以避免损失。

● 应在雨季来临之前检查房屋，维修房顶。

● 检查农田、鱼塘排水系统，做好排涝准备，根据暴雨预警信号，采取相应的排涝措施。

● 改造后的新农村居民不要将垃圾、杂物丢入马路下水道，以防堵塞，积水成灾。

2. 暴雨发生时的应对

● 低洼处的居民房，可因地制宜采取砌围墙、家门口放置挡水板或堆砌土坎、配置小型抽水泵等方法。必要时，危房、工棚里的居住人员要及时转移。

- 切断有危险的室内外电源，暂停室外劳作。
- 室外积水漫入室内时，应立即切断电源，防止积水带电伤人。
- 暴雨期间尽量不要外出，必须外出时应尽可能绕过积水严重的地段。
- 外出在积水中行走时，要注意观察，贴近建筑物行走，防止跌入窨井、地坑等。
- 驾驶员遇到路面积水过深时，应尽量绕行，不可强行通过。
- 尽量远离河道，避免发生意外。
- 注意防范可能引发的山洪、滑坡、泥石流等灾害。
- 在山区时，当上游来水突然混浊、水位上涨较快时，须特别注意，这时可能有山洪暴发，应远离危险地带。

3. 暴雨过后应对

- 及时开沟排水。
- 及时采摘瓜果蔬菜。

话题3　山体滑坡的危害与防御

什么是山体滑坡

山体滑坡是指斜坡上某一部分岩土在重力作用下，沿着一定的软弱结构面（带）产生剪切位移而整体地向斜坡下方移动的作用和现象。在暴雨季节，有些山体长时间被雨水浸泡，表面山石和泥土松动后容易产生山体滑坡。

山体滑坡不仅造成一定范围内的人员伤亡、财产损失，还会对附近道路交通造成严重威胁。

案例 2010 年 5 月中旬，湖南省部分地区暴雨成灾，道路安全隐患增多。5 月 18 日 9 时至 13 时，319 国道湖南省洗溪段路旁山体由于长时间受到雨水的浸泡，多处出现大面积的山体滑坡，近 1 000 m^3 土石、淤泥全部阻塞在公路路面上，造成公路交通多处中断。

滑坡的易发和多发地区

通常下列地带是滑坡的易发和多发地区：

● 江、河、湖（水库）、海、沟的岸坡地带，地形高差大的峡谷地区，山区、铁路、公路、工程建筑物的边坡地段等，这些地带为滑坡形成提供了有利的地形、地貌条件。

● 地质构造带，如断裂带、地震带等。通常地震烈度大于 7 度的地区、坡度大于 25°的坡体在地震中极易发生滑坡；断裂带中的岩体破碎、裂隙发育，则非常容易形成滑坡。

● 易滑（坡）的岩、土分布区，如松散覆盖层、黄土、泥岩、页岩、煤系地层、凝灰岩、片岩、板岩、千枚岩等岩、土的存在，为滑坡的形成提供了良好的物质基础。

● 暴雨多发区或异常的强降雨地区。在这些地区，异常的降雨为形成滑坡提供了有利的诱发因素。

上述地带的叠加区域形成了滑坡的密集发育区。如我国从太行山到秦岭，经鄂西、四川、云南到藏东一带就是这种典型地区，滑坡发生密度极大，危害非常严重。

人类活动影响滑坡发生

破坏斜坡稳定条件的人类活动也会诱发滑坡。例如：

- **开挖坡脚** 修建公路、铁路，依山建房、建厂等工程，将山坡脚和岩石脚挖走，使山坡岩体上部失去支撑，经暴雨冲洗后会造成滑坡；因采用爆破、大型机械开挖施工振动也会导致滑坡。
- **蓄水、排水** 水渠和水池的漫溢和漏水，工业生产用水和废水的排放、农业灌溉等，均使水流渗入坡体，加大了孔隙水压力，软化土石，增大坡体容重，从而促进或诱发滑坡的发生。
- **堆填加载** 在斜坡上兴建楼房，修建重型工厂，大量堆填土石、矿渣等，使斜坡支撑不了过大的重量，失去平衡而导致滑坡。
- 在山坡上乱砍滥伐，使坡体失去保护，使雨水等水体渗入，从而诱发滑坡。

发生山体滑坡的前兆

不同类型、不同性质、不同特点的滑坡，在滑动之前，均会表现出异常现象，显示滑坡的预兆。归纳起来常见的有如下几种：

1. 大滑动之前

● 在滑坡前缘坡脚处，有堵塞多年的泉水复活现象，或者出现泉水突然干枯，井水位突变等类似的异常现象。

● 土体出现上隆现象，这是明显的滑坡向前推挤现象。

● 有岩石开裂或被剪切挤压的声音，这种现象反映了深部变形与破裂，动物对此十分敏感，有异常反应。

2. 在滑坡体中

● 前部出现横向及纵向放射状裂缝，它反映了滑坡体向前推挤并受到阻碍，已进入临滑状态。

3. 临近滑坡之前

● 滑坡体四周岩体出现小型崩塌和松动现象。如果在滑坡体有长期位移观测资料，那么大滑动之前，无论是水平位移量或垂直位移量，均会出现加速变化的趋势。这是临滑的明显迹象。

● 滑坡后缘的裂缝急剧扩展，并从裂缝中冒出热气或冷风。

● 临滑之前，在滑坡体范围内的动物惊恐异常，植物变态。如猪、狗、牛惊恐不宁，不入睡，老鼠乱窜不进洞，树木枯萎或歪斜等。

山体滑坡的应对措施

当遇到滑坡正在发生时，首先应镇静，不可惊慌失措。为了自救或救助他人，应该做到如下几点：

● **冷静**　当处在滑坡体上时，首先应保持冷静，不能慌乱。慌乱不仅浪费时间，而且极有可能做出错误的决定。

• **撤离** 要迅速环顾四周，向较为安全的地段撤离。一般除高速滑坡外，只要行动迅速，都有可能逃离危险区段。逃离时，以向两侧跑为最佳方向。在向下滑动的山坡中，向上或向下跑均是很危险的。当遇到无法逃离的高速滑坡时，更不能慌乱，如滑坡呈整体滑动时，原地不动，或抱住大树等物，不失为一种有效的自救措施，如图 1—3 所示。

• **报告** 对于尚未滑动的滑坡危险区，一旦发现可疑的滑坡活动时，应立即报告邻近的村、乡、县政府有关部门或单位。政府应立即组织有关部门、单位、部队、专家及当地群众参加抢险救灾活动。

• **拨打 120** 滑坡时，极易造成人员受伤，当受伤时应拨打“120”呼救。

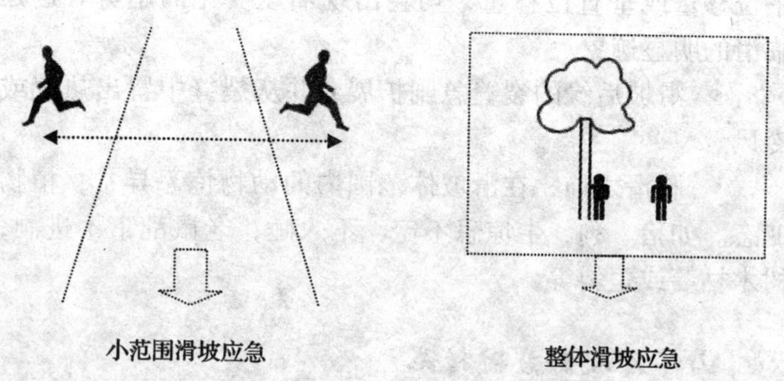

图 1—3 山体滑坡时逃离的方法示意图

话题 4　崩塌的危害与防御

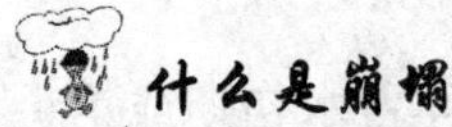

什么是崩塌

崩塌（崩落、垮塌或塌方）是陡坝或较陡斜坡上的岩土体在重力作用下突然脱离母体，崩落、滚动、堆积在坡脚（或沟谷）的地质现象。发生在土体中者称土崩，发生在岩体中者称岩崩，规模巨大、涉及山体者称山崩。

崩塌形成的因素

- **地震**　地震引起坡体晃动，破坏坡体平衡，从而诱发坡体崩塌，一般烈度大于 7 度以上的地震都会诱发崩塌。
- **融雪、降雨**　融雪和降雨，特别是大暴雨和长时间的连续降雨，使地表水渗入坡体，软化岩土及其中的软弱面，产生孔隙水压力等，从而诱发崩塌。
- **地表冲刷、浸泡**　河流等地表水体不断地冲刷边脚，也能诱发崩塌。
- **人类活动**　如开挖坡脚，地下采空，水库蓄水、泄水等改变坡体原始平衡状态的人类活动，都会诱发崩塌。

还有一些其他因素，如冻胀、昼夜温度变化等也会诱发崩塌。

崩塌发生时的规律

- 降雨过程之中或降雨后最容易出现崩塌。这里说的降雨过程主要指特大暴雨、大暴雨、较长时间的连续降雨。
- 强烈地震过程之中。主要指在震级为 6 级以上的强震过程中，震中区（山区）常集中出现崩塌。

- 开挖坡脚过程之中或之后一段时间。因工程（或建筑物）施工开挖坡脚，破坏了上部岩体（土体）的稳定性，常常发生崩塌。

- 水库蓄水初期及河流洪峰期。水库蓄水初期或第一个高峰期，库岸岩土体首次浸没（软化），上部岩土体容易失稳产生崩塌。

- 强烈的机械振动及大爆破之后易造成崩塌。

崩塌的危害

崩塌会使建筑物，有时甚至使整个居民区遭到毁坏，使公路和铁路被掩埋。由崩塌带来的损失，不单是建筑物毁坏的直接损失，还常因此而使交通中断，给运输带来重大损失。崩塌有时还会使河流堵塞形成堰塞湖，这样就会将上游的建筑物及农田淹没，在宽河谷中，由于崩塌能使河流改道及改变河流性质，而造成急湍地段。

我国地处海陆交相影响的季风气候区，暴雨区、山地灾害易发区和人口居住区“三区”相互重叠，汛期多暴雨，暴雨常常引发山地崩塌灾害，山地崩塌灾害一旦发生在人口居住区，极易造成人员伤亡。

案例 2009年8月6日23时，四川汉源境内山体高位崩滑，山体突发大面积滑移，途经省道306线的5辆货车、4辆“面的”不同程度受损，造成2人遇难，18人受伤，29人失踪，5人被围困，省道306线完全中断，崩塌体上游147户民房、1 774亩农田被淹。

崩塌的防御

- 雨季时切忌在危岩附近停留。
- 远离坡度大于45°的山体，或成孤立山嘴的山坡、凹形陡坡和有明显裂缝的坡体。
- 不能在危岩突出的地方避雨、休息和穿行。
- 夏汛时节，在去山区峡谷游玩时，一定要事先收听当地的天气预报，不要在大雨后、连阴雨天进入山区沟谷。
- 途中遭遇崩塌时不要惊慌，应迅速离开有斜坡的路段。

话题5　泥石流的危害与防御

了解泥石流

泥石流是山区沟谷中或斜坡上，由暴雨、冰雪融化等水源激发的、含有大量泥沙石块的特殊洪流。往往是突然暴发，浑浊的流体沿着陡峻的山沟前推后拥、奔腾咆哮而下，地面为之震动，山谷犹如雷鸣，在很短时间内将大量泥沙石块冲出沟外，在宽阔的堆积区横冲直撞、漫流堆积，常常给人类生命财产造成很大危害。

泥石流具有两大特征：一是来势凶猛，成灾迅速；二是推、垮、堵、压等破坏同时并发，灾情规模大，危害深。

案例 2009年7月17日1时50分左右，四川省小金县汗牛乡足木村热希沟发生泥石流自然灾害，灾害导致江西省对口援建小金县十大示范工程之一的“美汗路”C标段物资中转站被冲毁，现场5名江西援建施工人员失踪，部分机械设备毁坏。

泥石流的形成条件

泥石流的形成，必须同时具备三个基本条件：一是有丰富的松散固体物质；二是短时间内有大量的水源；三是有一定坡度、利于集水集物的沟状地形。人类工程活动也是诱发泥石流的因素之一，如图1—4所示。

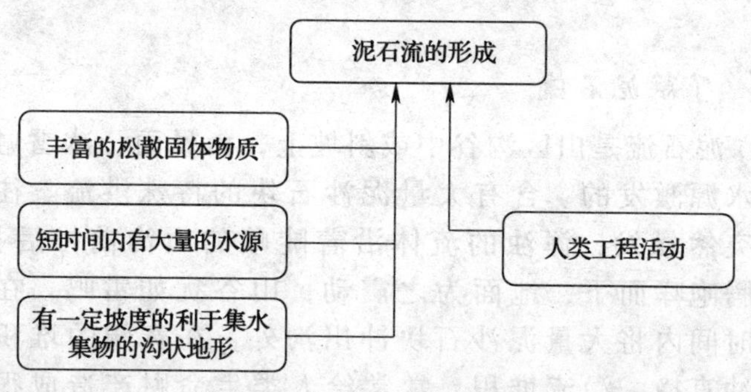

图1—4 泥石流的形成

形成泥石流的地形一般为山高坡陡，沟床纵坡大，汇流区地形有利于大量水源汇集，而且多为碎屑岩、浅变质岩及花岗岩风化强烈的地区，或者坡面、谷槽、溪沟堆积大量废土碎石的地方。泥石流的形成与降水关系密切，降雨量越大，形成泥石流的概率就越大。

随着社会的发展，人类对自然资源的开发程度和规模也在不断扩大。近年来，人为因素诱发的泥石流数量正在不断增加。可能诱发泥石流的人类活动主要有以下几个方面：

- **不合理开挖** 修建铁路、公路、水渠以及其他工程建筑时的不合理开挖。因为这些活动常常破坏了山坡表层而导致暴雨容易渗入或破坏了边坡稳定性而引发滑坡、崩塌，进而导致泥石流的发生。
- **不合理的弃土、弃渣** 修路、建房、开矿的大量废土废渣弃于山坡和溪沟河床，经暴雨洪水冲滚下泻，导致泥石流的发生。
- **滥伐乱垦** 滥伐乱垦、丘岗开发、山林全垦全复等使植被消失，山坡失去保护，土体疏松，冲沟发育，大大加重水土流失，进而山坡稳定性被破坏，滑坡、崩塌等不良地质现象发育，结果就很容易产生泥石流。

泥石流的危害

泥石流的危害程度往往比单一的滑坡、崩塌和洪水的危害更为广泛和严重，表现在以下四个方面：

- **对居住区的危害** 泥石流最常见的危害之一是冲进乡村、城镇，摧毁房屋、工厂、企事业单位及其他场所、设施，淹、埋人畜，毁坏土地，甚至造成村毁人亡的灾难。
- **对基础设施的危害** 泥石流可直接埋没车站、铁路、公路，摧毁路基、桥梁等设施，致使交通中断；还可引起正在运行的火车、汽车颠覆，造成重大的人身伤亡事故。有时泥石流汇入河流，引起溪流改道，甚至迫使道路改线，造成巨大经济损失。建国以来，泥石流给我国铁路和公路造成了无法估计的巨大损失。

• **对矿山的危害** 主要是摧毁矿山及其设施，淤埋矿山坑道，伤害矿山人员，造成停工停产，甚至使矿山报废。

• **对环境的危害** 对景观生态、环境资源和自然遗产造成毁灭性的、不可恢复的破坏。

泥石流发生前的预兆

泥石流暴发前，通常有下列预兆：

• 在山体附近坡面有不稳定现象。

• 在降雨达到峰值时，上游的降水猛烈，泥沙灾害显著，溪沟出现异常洪水。

• 山地发生山崩或沟岸侵蚀时，山上树木发出“沙沙”的响声，山体出现异常的山鸣。

• 沟谷深处突然变得昏暗，并有轻微震动感。

• 上游发生山崩，有异常臭味出现。

• 由于上游发生崩塌，溪沟的流水非常浑浊。

• 上游河道发生堵塞，溪沟内水流急剧减小。

• 坡面发生变形，河流突然断流或水势突然加大，并夹有较多柴草、树枝。

• 在流水增大时，溪沟内发出石头与石头相互碰撞的“咯咔咯咔”的声音。

• 有树木的断裂声。同时，在人还没有感觉出有异常现象时，动物已有异常的行动。例如，猫大声嘶叫等。

• 深谷或沟内传来类似火车的开动声或闷雷般的声

音，同时又有直立水柱的现象出现。

> 由此可见，泥石流的发生，与降水的程度有密切关系，因此，提前做好短时间内的降雨预报工作是极为重要的。此外，在没有降雨的情况下，由于坡面土壤水分的过于饱和，也可形成泥石流。

泥石流的应对措施

1. 预防

● 去山地时如遇暴雨，尽可能避开河（沟）道弯曲的凹岸或地方狭小高度又低的凸岸。

● 当遇到长时间降雨或暴雨时，切忌在沟道处或沟内的低平处搭建临时住宿点。

2. 应急

● 发现有泥石流迹象，应立即观察地形，向沟谷两侧山坡或高地跑，不要顺着泥石流沟向上游或向下游跑。

● 逃生时，要抛弃一切影响奔跑速度的物品。

● 不要停留在低洼的地方，也不要攀爬到树上躲避。

● 不要躲在有滚石和大量堆积物的陡峭山坡下面。

● 人员需强行迁至安全区，要在距离村庄较近的山坡或位置较高的台阶地上建立临时躲避棚。

被泥石流伤害人员的救护

泥石流对人的伤害主要是泥浆使人窒息。

● 将压埋在泥浆或倒塌建筑物中的伤员救出后，立即清除口、鼻、咽喉内的泥土及痰、血等，排除体内的污水。

- 对昏迷的伤员，应将其平卧，头后仰，将舌头牵出，尽量保持呼吸道的畅通，如有外伤应采取止血、包扎、固定等方法处理。对伤员的出血伤口应迅速止血，如似喷射状，则动脉破损，应在伤口上方即伤口近心端，找到动脉血管（一条或多条），用手指或手掌把血管压住，即可止血。

- 如果伤员四肢受伤，可在伤口上端用绳子或布带等捆扎，松紧程度视出血状态而定，每隔 1 ~ 2 小时松开一次进行观察并确定后续处理措施。

- 包扎伤员伤口时，迅速检查伤情，如有酒精或碘酒棉球，应将伤口周围皮肤消毒后，用干净的毛巾、布条等将伤口包扎好。

泥石流的防治

防治泥石流灾害，可根据不同地区的特点，采取不同的措施。

1. 防治坡面水土流失

多数地区，山洪、泥石流的发生与坡面水土保持和农业生产活动密切相关。因此，禁止坡地开荒，封山育林，种草种树，搞好水土保持，同时实行合理耕作活动，可以从根本上减轻山洪、泥石流的灾害。坡面的一般防治措施：

- 退耕，植树种草，增加植被覆盖，可以在泥石流区形成一种多结构的地面保护层，制止坡土流失。

- 改坡土为梯田。

2. 预防性疏导

- 采用排导法，在经常受到泥石流危害的地区附近，修建排洪道和导流堤。用渠道将雨水从泥沙堆积区引开，使水与泥沙隔离，避免泥石流形成。

- 建造蓄水池，当暴雨出现时，可引洪入池。
- 有条件的地方在泥石流出口设置停淤场，避免堵塞河道。

3. 防御性阻挡和加固

- 在中、上游设置拦挡坝，拦截泥石流固体物。
- 修建护岸工程，用砌石或混凝土加固岸坡，防止河流和水库的岸坡塌陷。
- 采用固结防渗灌浆法，对土层底面注浆加固，提高岩石强度，降低坝基压力，可有效地避免水坝两边的山地产生泥石流。

4. 加强监测

在泥石流易发生区建立观测站，加强监测，及时预报险情。

总之，综合治理，抑制泥石流产生，是控制泥石流灾害的主要措施。

第二讲 山洪灾害与防御

话题1　山洪及其危害

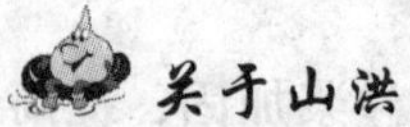

关于山洪

山洪是指一种罕见强劲的洪水，大多发生在山区。

山洪具有突发性，水量集中，流速快，冲刷破坏力大，水流中挟带泥沙甚至石块等，常造成局部性洪灾，一般分为暴雨山洪、融雪山洪、冰川山洪等。

山洪冲毁房屋、田地、道路和桥梁，常造成人身伤亡和财产损失。

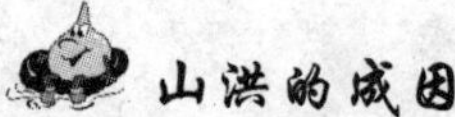

山洪的成因

形成山洪的条件如图2—1所示。

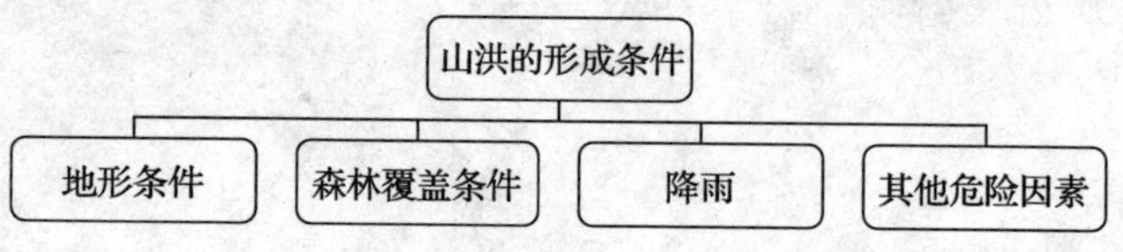

图2—1　山洪的形成条件

- **地形条件**　一般形成山洪的地形特征是中高山区，相对高差大，河谷坡度陡峻。表层为植被覆盖，有较厚的土体，土体下面有中深断裂层及断裂切割的破碎岩石层。

- **森林覆盖条件** 大范围树林、毛竹覆盖，汛期当暖湿空气携带大量水汽到达林区上空，与林区温度偏低、相对湿度偏大的冷空气交锋，易造成大的局部降水。

- **降雨** 降雨激发山洪的现象，一是前期降雨和一次连续降雨共同作用，二是前期降雨和最大一小时降雨量起主导激发作用。山顶土体含水量饱和，土体下面的岩层裂隙中水体的压力剧增。遇暴雨时，能量迅速累积，致使原有土体平衡被破坏，土体和岩层裂隙中的水体冲破表面覆盖层，瞬间从山体中上部倾泻而下，造成山洪和泥石流。

- **其他危险因素** 人工和天然的坝或原木堵塞都可以形成一个蓄水池，一旦破裂将把水全部释放出来，导致山洪发生。

山洪的危害

山洪灾害突发性强，危害性大，极难防御，是我国防灾减灾的重点和难点。

近几年，因水灾死亡人员的情况大部分是由山洪灾害引起的。山洪发生时，溪河水位暴涨，水流速度很快。居住在河岸或低洼地带的村民，如避让不及，就会被湍急的河水卷走，很难自救，极易发生人员伤亡。

凡遭受过山洪灾害的地方，往往造成人员伤亡，房屋倒塌，公路冲毁，农田沙压，人民群众起居不安，环境长期难以恢复。

案例一 1956年8月2—3日山西省平顺县东当村降暴雨，在流域面积仅1平方公里的狼郊沟内山洪暴发，造成沟崖坍塌，堵塞沟道，形成天然水库，随后挡水坝体突然溃决，村内43户92人和109间房屋全遭毁灭。

案例二 2010年入汛以来，受持续降水影响，福建部分流域超警戒水位，山洪造成1人死5人失踪。

话题2 山洪的防御

容易受到山洪灾害威胁的人群

容易受到山洪灾害威胁的往往有下列几类人群，应特别引起注意。

- 居住在山坡脚、陡坎下的人群。山洪易摧毁房屋危及人群。
- 居住在溪河两边、双河口交叉处及河滩地的居民。房屋最易遭到洪水直接冲击倒塌从而危及人群。

案例 2005年5月31日，湖南省新邵县太芝庙乡遭受暴雨山洪灾害，倒塌房屋745栋，其中河岸线倒531栋，占71.2%。死亡52人，失踪27人。其中沿河岸房屋倒塌导致死亡41人，失踪12人。

• 居住在山谷的人群。房屋易遭山洪泥石流冲毁和淹埋，从而危及人群。

• 居住在山洪易发区内的残坡、积层较深的山坡地或山体已开裂的易崩易滑的山坡地上的居民。如遇特大暴雨侵蚀冲刷，容易受到山体崩塌滑坡的威胁。

• 居住在山洪淹没区房屋质量不好的居民。因水泡致房屋倒塌，被压死的人很多。

山洪易发区居民汛期准备

山洪易发区的居民，在山洪发生前，必须做好以下必要的准备工作：

• 了解当地暴雨山洪和泥石流发生的历史情况，学习必要的山洪灾害防治基本知识，掌握自救逃生的本领。

• 观察熟悉居住场所和野外活动场所的周围环境，预先选定好紧急情况下躲避灾难的安全路线和地点。听到山洪警报时，迅速转移到安全地点。

• 多留心有无山洪发生的前兆，当预感到可能有暴雨，随时做好安全转移的思想准备，特别提防深夜发生暴雨山洪。

• 一旦认定情况危急时，除及时向主管人员和邻里报警外，应先将家中的老人和小孩及贵重物品提前转移到安全地带。

• 事前积极参加灾险投保，尽量减少灾情损失，提高自身灾后恢复能力。

躲避山洪灾害的有效转移时间和措施

当山洪突发，山洪区居民接到转移信号或听到警报后，必须像听到防空警报那样自动迅速转移到预定安全地点。不要待逐户催促才转移。转移时应往两岸山丘高地跑，不要向逆水流或顺水流方向跑。有关责任人应负责组织指挥，维护秩序和转移安全。

1. 有效转移时间

据目前气象、水文预测技术，人类能在山洪暴雨发生前3～5小时感知有山洪暴雨发生，从倾盆大雨开始发生到造成灾害，有效转移救生时间约4～5小时。在大范围降雨情况下，暴雨中心区预报时间还可提前。

2. 指挥避灾救生的有效措施

- 在台风和大气流影响形成的大面积降雨的云团中心区，预报可能发生山洪暴雨地带的居民应提前一天转移。
- 局部地区天气突然变化，县市气象台预报有大雨或暴雨时，如当地气温闷热潮湿，且已出现1小时降雨50毫米，村民应立即自动转移，不能等待洪水进了村再走。
- 当预报有暴雨时，村民应提高警惕，最好夜晚不要睡觉。

遭遇山洪暴发时的应对措施

1. 观、嗅、听

- 如果正处在一个峡谷中，非常重要的是随时保持警觉，注意收听报警信号，以保护自己。
- 观察水位有无突然增长或流速加快的现象。
- 观察水面的漂浮物是否增加，比如松果、松针、嫩枝和树叶。
- 观察水的颜色是否突然变化。

● 注意空气气味的变化，雨和泥浆都有可辨认的气味，可以作为一个报警信号。

● 留意周围的声音，有无像雷声一样的巨吼。

有上述几种情况发生时，应及时逃离危险地带。

2. 被洪水围困时

● 在山丘环境下，无论是孤身一人还是一群人，突遭洪水围困于基础较牢固的高岗台地或砖混结构的住宅楼时，只要有序固守等待救援或等待陡涨陡落的山洪消退后即可解围。

● 如遭遇洪水围困在低洼处的岸边、坡坎或木结构的住房里，当情况危急时，有通信条件的，可利用通信工具向当地政府和防汛部门报告洪水态势和受困情况，寻求救援；无通信条件时，可制造烟火或来回挥动颜色鲜艳的衣物或集体同声呼救，不断向外界发出紧急求助信号，求得尽早解救。同时要寻找体积较大的漂浮物等，主动采取自救措施。

3. 自救

自救时间是最关键的，遭遇洪水时，必须迅速行动。即使是事后被证明是不必要的行动也比犹豫不决被洪水冲走好。

● **向安全地带跑** 不要顺着洪水跑，不要和洪水比速度，因为你一定会输。

● **立即寻找高地** 溪流转弯处的内侧比外侧好，因为在转弯的外侧，离心力将把水推得更高。高地通常可以通过茂密成熟的植被来识别。溪谷两侧的侵蚀线也可作为高水位标记。

- **扔掉随身物品** 不要让沉重的包或其他物品减慢逃离的速度。
- **等待洪水退去** 不要试图涉过或穿越洪水中的峡谷，耐心等待洪水消退，也许会等24小时或更长。
- **采用保护性泳姿** 如果不能爬到高地或已被洪水冲走，翻过身来背向下，脚向下游方向。

第三讲 洪涝灾害与防御

话题1 洪涝及其危害

什么是洪涝

洪涝灾害是由于河道宣泄不畅，使农田积水成灾。洪涝灾害可分为洪水、涝害、湿害。

- **洪水** 大雨、暴雨引起山洪暴发、河水泛滥，淹没农田、毁坏农业设施等。
- **涝害** 雨水过多或过于集中或返浆水过多造成农田积水成灾。
- **湿害** 洪水、涝害过后排水不良，使土壤水分长期

> 就全球范围来说，洪涝灾害主要发生在多台风暴雨的地区。根据历史雨涝统计资料，我国雨涝最严重的地区主要为东南沿海地区、湘赣地区、淮河流域；次多雨涝区有长江中下游地区、南岭、武夷山地区、海河和黄河下游地区、四川盆地、辽河、松花江地区。全国雨涝最少的地区是西北、内蒙古和青藏高原，次少地区为黄土高原、云贵高原和东北地区。概括而言，雨涝分布的特点是东部多，西部少；沿海多，内陆少；平原湖区多，高原山地少；山脉东、南坡多，西、北坡少。

处于饱和状态，作物根系缺氧而成灾。

洪涝的危害

自古以来，洪涝灾害一直是困扰人类的自然灾害之一。我国有文字记载最早的劳动人民和洪水斗争的光辉画卷就是大禹治水。时至今日，洪涝依然是对人类影响最大的灾害之一。

洪涝灾害具有很大的破坏性，不仅对当地有害，甚至严重危害相邻流域，造成水系变迁。很多地区都有可能发生洪涝灾害，包括山区、滨海、河流入海口、河流中下游以及冰川周边地区等。洪涝主要危害农作物生长，使农作物受淹，造成农作物大量减产甚至绝收；洪水带来的泥沙会压毁作物或堆积在田间，使土质恶化，造成连续多年减收减产。

案例 2010 年 5 月 17 日 8 时至 18 日 8 时，贵州省东北部出现强降雨天气，铜仁地区德江县遭受洪涝灾害，5 万余人受灾，百余间房屋倒塌，农作物受灾面积达 3 460 公顷。

洪涝灾害具有可防御性，人类虽然不可能彻底根治洪水灾害，但通过各种努力，可以尽可能地缩小灾害的影响。

话题2　洪涝的防御

洪涝的防御措施

中国治水的祖先大禹用疏导的办法治水，比他父亲一味拦堵高明，故名传千古。当代水利专家也把今后治水重点归纳为：疏通河道，给洪水以出路。具体防护措施有：

● 在继续加高加固堤防的同时，必须对江、河道进行清淤疏浚。

● 搞好农田水利建设，建设旱涝保收的高产稳产农田。

● 充分重视生态环境，加强江河上游水土保持，减少泥沙流入江河的数量。

● 在江河流域封山育林，限制采伐，涵养水源，防止水土流失。具体措施为植树造林、种牧草、修梯田、挖蓄水坑和蓄水塘等。做好山区水土保持，上游建库，中下游筑堤，洼地开沟，就能调节蓄水，有蓄有排，收到既能防洪又能防旱的效果。

● 健全各级防汛机构，建立洪涝灾害监测预警系统，加强气象和水文监测预报。

农作物防御洪涝措施

● 根据洪涝和湿害的发生规律，因地制宜合理布局农作物，调整种植结构，实行防涝栽培。调整旱生和水生作物比例，适当调整插播期，并实行垄作。

● 旱地怕涝作物要采取联片种植，做到排灌分家，避免水田和旱田用水相互矛盾。

• 实行深沟、高畦耕作，可迅速排除畦面积水，降低地下水位，这样雨涝发生时，雨水可以及时排出。

• 加强农田基本建设。低洼地开沟降低水位，沿江河地区内外河分开，加强田间管理，改善土壤通气性，防止地表结皮和盐渍化。

• 洪涝发生前，如作物接近成熟，应组织力量及时抢收。

• 洪涝灾害发生过程中，要利用退水清洗沉积在植株表面的泥沙，同时要扶正植株，让其尽快恢复生长。

• 洪涝灾害过后，必须迅速疏通沟渠，尽快排涝去渍。还要及时中耕、松土、培土、施肥、喷药防虫治病，加强田间管理。如农田中大部分植株已死亡，则应根据当地农业气候条件，特别是生长季节的热量条件，及时改种其他适当的作物，以减少洪涝灾害损失。

第四讲

连阴雨灾害与防御

什么是连阴雨

连阴雨的气象标准是3月1日—10月30日任意一次连续7天或以上的阴雨天气过程，且日降水量大于等于0.1毫米，过程日平均日照时数小于等于1小时。出现连阴雨时，一般伴随出现日照少、低温冷害或冻害以及雨量较多或较强时所出现的渍涝或洪涝。

连阴雨的危害

连阴雨对农业生产影响较大：

- 使露地作物田间积水过深，影响根系生长，使部分低洼地作物受淹，土壤吸水饱和、松软，造成植株倒伏，产量受损。
- 长期阴雨天气使可采收的作物延误采收，还可导致烂株，造成减产减收。
- 不能及时覆盖大棚膜，使大棚作物成熟慢，坐果受影响，成熟期推迟，加重冻害；使已覆膜棚内湿度增高，作物病害加重。

案例 2009年11月上旬以来，浙江省慈溪市出现了连续的阴雨天气，其间还有强雷暴雨袭击。连续降水虽对前期干旱起到缓解作用，但降水量过大、降雨时间过长，给当地的农作物生产带来了一定影响。据初步统计，慈溪市十几万亩秋冬季作物有1/3遭受不同程度灾害，因连阴雨造成产量减少，每亩损失达200～300元，总体经济损失超过千万元。

连阴雨的防御措施

- 及时排除田间积水，降低地下水位，疏通棚外排水沟及棚内排水沟。
- 棚内遇低温阴雨天气，易发生病害，应加强病害的防治，及时清理发病株及枝叶，同时进行药剂防治，选用针对性药剂进行有效预防。
- 做好大棚温湿度、光照管理工作。注意保温和通风降湿：白天及时通风换气，增加光照，夜间保温防寒。

专家提示：要注意防止低温春寒危害，如遇突发降温，可采用大棚套中棚加小棚多层覆盖保温等应急措施。棚内应全畦覆盖地膜，有条件的还可在畦面撒干草木灰、铺干稻草等，想方设法降低棚内湿度。内层覆盖物要勤揭勤盖，尽可能增加植物秧苗光照。即使遭遇到极端低温天气，也要利用中午温度较高时让作物多见光。

- 抢雨停和阴天的间隙及时收获成熟作物，抢晴晾晒进仓。
- 对露地蔬菜等作物追施叶面肥，增强作物素质，提高植株抵抗力。

• 对育苗田的死苗烂苗现象严重的，要及时进行补播或改种其他作物。

• 加强病虫害的监测，合理用药，科学防治。

第五讲

梅雨灾害与防御

话题1 梅雨及其特征

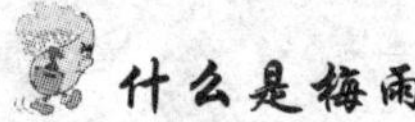

什么是梅雨

初夏，江淮流域一带经常出现持续较长的阴沉多雨天气。此时，器物易霉，故称“霉雨”，简称“霉”；又值江南梅子黄熟之时，故亦称“梅雨”或“黄梅雨”。

现在所说的梅雨并不仅仅局限于江淮流域，我国东部地区如福建等在梅雨季节所发生的持续不断的降水也称为梅雨。

雨带停留时间称为“梅雨季节”，梅雨季节开始的一天称为“入梅”，结束的一天称为“出梅”。

> 我国南方流行着这样的谚语：“雨打黄梅头，四十五日无日头。”

梅雨的特征

晴雨多变的春天一过，初夏随之而来，但不久，天空又会云层密布，阴雨连绵，有时还会夹带着一阵阵暴雨。这就是人们常说的“梅雨”来临了。天空连日阴沉，降水连绵不断，时大时小。持续连绵的阴雨、高温高湿是梅雨的主要特征。

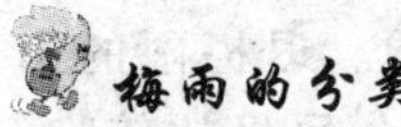

梅雨的分类

梅雨是初夏季节长江中下游特有的气候现象，它是我国东部地区主要雨带北移过程中在长江流域停滞的结果，梅雨结束，盛夏随之到来。这种季节的转变以及雨带随季节的移动，年年大致如此，已形成一定的气候规律性。但是，对各具体年份来说，梅雨开始和结束的早晚、梅雨的强弱等，存在着很大差异。因而使得有的年份梅雨明显，有的年份不明显，甚至产生空梅现象。

1. 正常梅雨

正常梅雨约在 6 月中旬开始，7 月中旬结束，在“芒种”和“夏至”两个节气内，梅雨期长 20～30 天，雨量为 200～400 毫米。

2. 早梅雨

> 早梅雨会带来一些反常的现象。例如，阴雨开始之后，气温还比较低，甚至有冷飕飕的感觉，农谚说：“吃了端午粽，还要冻三冻”就是这个意思；同时也没有明显的潮湿现象。

“芒种”以前开始的梅雨，统称为“早梅雨”。随着阴雨维持时间的延长和暖湿空气加强，温度会逐渐上升，湿度不断增大，梅雨固有的特征会越来越明显。早梅雨的出现机会，大致上是十年一遇。

3. 迟梅雨

6 月下旬以后开始的梅雨称为迟梅雨。迟梅雨的出现机会比早梅雨多。由于迟梅雨开始时节气已经比较晚，暖湿逐渐增强，同时，太阳辐射也比较强，空气受热后，容易出现强烈的对流，因而迟梅雨常常多雷雨阵雨天气。人们也把这种黄梅雨称为“阵头黄梅”。迟梅雨的持续时间一般不长，平均只有半个月左右。但降雨量却相当集中。

4. 特长梅雨

> 1954年我国江淮流域出现了百年一遇的特大洪水，这次大水，就是由持续时间特别长的梅雨造成的。这一年，长江中下游的梅雨开始之前的5月下半月春雨已经很多，梅雨又来得很早，6月初就开始了。

天气持续阴雨连绵，并且不时有大雨、暴雨出现，维持的时间特别长，直到 8 月初才“出梅”，这样的梅雨就是特长梅雨。一般当阴雨结束转入盛夏天气时，已经临近“立秋”了。

5. “短梅”和“空梅”

> “短梅”和“空梅”的年份，常常有伏旱发生，有些年份还可以造成大旱。

有些年份梅雨非常不明显，它像来去匆匆的过客，雨量也不大，难得有一两次大雨，这种情况称为“短梅”。有些年份从初夏开始，一直不出现连续的阴雨天气，多数日子是白天晴朗暖和，早晚非常凉爽，这样的年份称为“空梅”。“短梅”和“空梅”的出现机会，平均为10年中1~2次。

6. 倒黄梅

“小暑一声雷，黄梅倒转来”，这是长江中下游地区广为流传的一句天气谚语。它的意思是说，在梅雨过去以后，如果“小暑”那天出现打雷，则梅雨又会倒转过来。当然，“倒黄梅”并不一定在小暑日打雷以后出现。

有些年份，梅天过去之后，又重新出现闷热潮湿的雷雨、阵雨天气，并且维持相当一段时期。这种情况就好像黄梅天在走回头路，所以称为“倒黄梅”。一般说来，“倒黄梅”维持的时间不长，短则一周左右，长则十天半月。

梅雨，实际上是多种多样的，各种梅雨之间的差别很大。以“入梅”来说，最早的在5月26日，最迟的在7月9日；“出梅”最早的在6月16日，最迟的在8月2日，相差均可达到一个半月。梅雨最长的年份可持续两个多月，可以引起罕见的大水，而短梅雨的年份仅仅几天，还有的甚至出现“空梅”，带来严重的干旱。可见，梅雨是一种复杂的气候现象，它远不是像农历上所定的“入梅”“出梅”那样简单。相对正常梅雨而言，“早梅”“迟梅”“特长梅雨”“空梅”以及严重的“倒黄梅”，都属于异常梅雨。

话题2　梅雨的危害与防御

梅雨季节阴雨天气持续时间长，雨量较大，气温高、湿度大，常导致农作物发育不良和籽粒发芽霉变、畜禽和水生物多发疾病，影响果木的发育生长。同时也可能导致洪涝灾害。

梅雨对农作物的危害及其防御

1. 综合防御措施

● **修好田间排水沟**　在梅雨天气严重的地区，在雨季来临之前修好排水沟是非常重要的防湿害措施，可排出土壤表层的水分。

● **改良土壤结构**　一是通过合理的耕作栽培措施，改良土壤结构，增强土壤通透性，减弱土壤保水力，以减轻涝害；二是增施有机肥或用绿肥直接沤肥，能疏松土壤，改善土壤通透性，从而减轻湿害；三是适时中耕松土，改善土壤物理性状。

● **改进栽培方法**　一是选择抗涝的作物品种；二是调整播期和栽期，使最怕涝的生育期躲过梅雨期；三是与抗旱作物实行垄作；四是加强田间管理，施肥壮苗，雨季前锄净杂草；五是给水体增氧。

2. 特长梅雨的危害及其防御

（1）水稻　水稻是沼泽作物，耐涝能力较强，但遇长期阴雨和渍害会造成水稻植株生长不良，病害呈加重趋势。早稻影响拔节抽穗，晚稻播种育秧推迟，秧苗素质差。

• 入梅前及时清理沟渠，加固堤埂，确保排水通畅，并准备化肥、农药等物资。梅雨期间，经常巡视田间，及时疏通坍塌沟渠，排除田间积水。

• 梅雨过后及时清沟排水，但早稻田灾后排水时要慎重，若梅雨过后天气骤晴、气温骤升，切忌一次性排干水，应保持5厘米左右浅水层，以免植株失水过快过多，引起青枯。

专家提示：对因特长梅雨造成严重水淹的稻田和晚稻秧田，要加强田间管理，去除杂物、用清水冲洗秧苗。受灾严重的田块抓紧补播改种。

• 及时补施追肥，补充稻田土壤养分流失。

• 抓紧病害防治，尤其是细菌性病害的防治。

（2）蔬菜瓜果 大部分蔬菜都属旱生作物，抗涝能力较弱。梅雨天气过长，会因土壤水分含量过大使蔬菜种子缺氧而霉变或使根系周围缺氧，能量转换效率降低，不能提供足够的能量供给根系吸收水肥的需要，造成植株生长减慢，甚至整个植株死亡。也会使土壤肥料流失，病虫害和杂草滋生蔓延迅速。

• 入梅前抓紧清理沟渠，确保排水通畅。梅雨期间经常巡视田间，及时疏通沟渠，保证排水通畅，严防明涝暗渍。

• 准备必要的化肥、农药、种子等补救物资。

• 梅雨期间，大棚作物雨时盖好棚膜，雨后及时通风排湿，露地蔬菜瓜果播种育苗也要做好遮阳避雨措施，防止雨后短时高温伤苗和雨水冲刷造成土壤板结影响出苗。

• 梅雨过后应及时排除田间积水，以免渍害发生。

• 梅雨过后，往往气温骤升，大棚应加大通风，降低棚温，并覆盖遮阳网等材料，以防止作物被高温烈日灼伤。露地蔬菜瓜果也要覆盖遮阳网、稻草等遮阳降温。

• 及时追肥，补充因肥料流失和作物旺长对肥料的需求。

> **专家提示**：要特别重视瓜类霜霉病、白粉病、炭疽病，茄果类疫病，十字花科蔬菜霜霉病、软腐病等的防治。

• 抓紧防治病虫草害。梅雨季节气温较高、降水多，作物生长旺盛，病虫草容易迅速滋生蔓延，需加强防治。

（3）棉花　梅雨季节棉株生长偏弱，造成棉田土温偏低、土壤板结，棉花落蕾严重。

• 入梅前抓紧清理沟渠，确保排水通畅。梅雨期间经常巡视田间，及时疏通沟渠，排除田间积水。

• 梅雨过后应及时修复坍塌堤埂，清理沟渠，排除田间积水，降低地下水位。

• 中耕除草松土，防止土壤板结，提高植株根系活力。

• 适施追肥促平衡，一般每亩浇施尿素 5 公斤，既补充棉田养分流失，又能促进小苗生长发育。

• 及时做好查漏补缺工作，保证全苗。

（4）蔺（席）草　入梅早影响蔺（席）草的收割进度，增加收割和翻晒难度。

• 入梅前对已符合要求的蔺（席）草要抓紧抢收，翻晒干燥后进仓。梅雨期间要冒雨或利用梅雨间隙抢收，并利用烘干设备及时烘干或进行初步烘干后暂时进仓存放。

● 梅雨过后应对尚未完全翻晒干燥或只经初步烘干的蔺（席）草进行干燥处理。

3. 短梅和空梅的危害及其防御

短梅和空梅因阴雨天气过少，往往气温偏高、烈日暴晒，引起部分地势较高的田块缺水和蔬菜瓜果作物表面高温灼伤，虫害有加重趋势。

（1）水稻 短梅和空梅期间，早稻植株生长不良，无法正常拔节抽穗。晚稻播种育秧推迟，秧苗素质差。

● 应及早准备水泵、柴油等抗旱物资，准备病虫防治药剂，出现旱情时早晚灌水抗旱。

● 及时做好螟虫、灰飞虱等虫害测报防治工作。

（2）蔬菜瓜果 短梅和空梅期间，缺水较重田块的蔬菜瓜果植株萎蔫，生长较差。瓜类、茄果类蔬菜果实偏小、商品性下降。豆类、叶菜类蔬菜、豆荚和茎叶加速老化，质量下降。草莓匍匐茎抽生量减少，子苗数量少、质量差。应及早准备水泵、柴油、遮阳网等抗旱物资，准备病虫防治药剂，出现高温干旱情况后采取以下措施：

● 早晚灌水抗旱。

● 加大棚室通风量，两侧棚膜不能揭盖的毛竹大棚，可在两侧间隔一定距离，离地面约 80 厘米处割破膜棚留一大口子通风。

● 作物根部覆盖稻草或杂草，结合除草进行全面浅中耕，切断土壤毛细管，减少水分蒸发。

● 蔬菜瓜果表面覆盖遮阳网、稻草等材料遮阳降温，防止烈日直接暴晒灼伤叶片和果实。

● 旱情解除后及时追施一次速效肥。

（3）棉花 短梅和空梅期间，地势较高田块的棉株因缺水萎蔫，生长瘦弱，棉花落蕾较多，严重的会造成植株枯死。

- 应及早准备水泵、柴油等抗旱物资，准备病虫防治药剂。出现旱情时，早晚灌水抗旱。
- 作物根部覆盖稻草或杂草，结合除草进行全面浅中耕，切断土壤毛细管，减少水分蒸发。旱情解除后及时追施一次速效肥。

梅雨对水产养殖的危害及其防御

梅雨季节多阴雨，少阳光，空气闷热潮湿，大量雨水形成地表水夹带着多种物质流入养殖水体，使养殖环境变化较大，各种病害微生物活跃，水质容易恶化缺氧，容易发生鱼病，气压偏低容易引起缺氧浮头，产生病害。光照偏少影响甲壳类的虾蟹蜕壳生长。梅雨的防御措施如下：

- **调节水质，适时增氧**　梅雨期要经常巡塘，根据天气及水色的变化及时调控水质和采取人工增氧措施。由于降雨较多池水养分变少，可适当施一些无机肥，以培养池中藻类，提高光合作用和造氧功能。做到晴天中午开机增氧2~3小时，连续阴雨时凌晨及时开机增氧，高密度养殖除投饵停机外正常开机增氧。没有增氧机的塘口可采取加水换水的办法增氧，并辅以增氧药物。
- **选好饵料，合理投喂**　梅雨季节水产养殖动物摄食比较旺盛，此时应选择适口饵料，要保证饲料质量。草食性鱼类和河蟹以青料为主、精料为辅，青饲料要新鲜、清洁；南美白对虾、罗氏沼虾等以优质配合饲料为主，适当减少投放饲料，增加投喂次数，以八成饱为度；其他养殖品种可根据其摄食习性选择优质饲料，坚持定时、定质、定量、定点投喂。

专家提示：梅雨期饲料容易受潮霉变，要加强保管，忌用霉变饲料投喂。

● **做好病害预防，控制疾病发生** 一是注意工具、食场及岸边的消毒；二是经常检查养殖动物生长情况，发现病症要及时对症用药。

专家提示：对于鱼类，可用大蒜捣烂拌饵投喂，连续3~5天，以预防出血病、烂鳃病、肠炎病、赤皮病等细菌性疾病；虾类尤其是南美白对虾，强降雨时容易应激反应，可用维生素C、鱼肝油、葡萄糖、中草药和生物制剂拌饵投喂，以提高应激免疫能力。

● **适时起捕，轮捕上市** 为减少养殖水面所养品种的载量，可根据生长情况，定期捕获部分产品上市，使密度更趋合理，充分利用饵料挖掘鱼池的生产潜力。

专家提示：由于梅雨期水温高、气压低，鱼虾的耗氧量大，捕捞应选在凉爽的早晨，小心操作，避免造成鱼的伤亡。

对畜禽养殖的危害及其防御

梅雨季节，雨水增多，天气闷热潮湿，影响畜禽正常生长，畜禽疾病多发。因此，做好畜禽疾病的预防是减少经济损失的重要保障。

1. 保持畜禽栏舍干燥

主要做好栏舍防漏工作，起好栏舍四周的排水沟，栏舍尽量少冲洗，勤换干燥、不发霉的垫料，做好开窗通风工作。

- 做好禽舍的防漏工作，确保棚舍屋顶不漏水、墙壁不渗水。
- 要在棚舍四周挖好排水沟，疏通排水渠道。
- 棚舍内如果不是很必要最好少冲洗，垫料要勤换，尤其是潮湿了的垫料要及时更换。
- 鸭、鹅等水禽在放水后要让它们在舍外活动一段时间，待羽毛上的水差不多干了再赶进棚舍内，以免禽群身上的水把禽舍弄得更加潮湿。
- 做好棚舍的开窗通风工作，排除舍内湿气。

2. 做好清洁、防疫、消毒工作

> **专家提示**：按免疫程序及时做好畜禽的防疫工作；对栏舍和周围场地进行定期消毒，但栏舍不要喷得过湿，饲养用具勤清洗、日晒、消毒。

- 家禽粪便要及时清除，并且对其进行无害化处理，减少球虫的感染机会。
- 棚舍和场区内的运动场地定期进行清扫消毒，带禽消毒时不要喷得过湿。
- 笼养的种鸡舍可以在清粪后撒些石灰粉在地面，既可吸湿也能起到消毒的作用。
- 水禽养殖场还要注意运动场地的清洁，尤其在暴雨过后，死禽、死鱼死虾等的尸体要及时清除，以免鸭、鹅吃到尸体而发生中毒。

● 对场区内的排水沟、排水渠要每周清理消毒一次，保持排水顺畅。

3. 注意防饲料霉变

● 购饲料要新鲜，一次购料不要太多，以一周用量为宜。

● 保管好饲料。饲料要堆放在干燥通风处，堆放的地面上放上塑料布和木板，上方以及周围也要留有空隙，保持空气流通；袋装饲料及时扎好袋口，散装或麻袋装饲料，要用新塑料布盖严。

● 库存的饲料如果发霉变质，就不能再用于饲喂，会导致畜禽发生黄曲霉素中毒等现象。

4. 注意防病

一旦畜禽发病，要及时请专业兽医诊治。对兔、鸡要特别注意球虫病的预防，可以使用药物防止球虫感染，但要交替用药，同时严格执行休药期，产蛋的禽群禁止使用抗球虫药。此外，还需要特别注意防治霉菌性疾病，除了不用发霉的饲料、垫料以外，可尝试用一些药物进行预防。

对果木的危害及其防御

梅雨期间是防治荔枝、葡萄等果树病虫害最关键的时刻。长时间的降雨，也会对桃子等水果的含糖量带来影响，从而影响其品质。

● 及时开沟排水　一是应注意收听天气预报，根据天气情况及时清理排水沟；二是认真做好果园内杂草清除工作，尽量不用或少用化学除草剂，组织人工锄草；三是对水淹过的果园，雨后要及时疏通渠道，排出积水；四是将树周围1米内的淤泥清理出园，保持树体正常的呼吸代谢。

- **剪枝** 剪除过密枝条，可以改善果园的通风及透光条件，减少病害发生。

- **加强套袋果园管理** 对于葡萄、梨等果树，果实套袋是极为重要的措施，套袋不但能预防病虫害发生，减少施药次数，也可以避免鸟害、日晒、药害、农药残留、机械伤害及灰尘附着，进而提高水果的商品价值。套袋的材质以透气、防水且有排水孔的纸袋为最好。

- **加强病虫防治** 雨后可喷施一次高效杀菌剂，控制各类病菌滋生。

- **加强淹水梨园管理** 应剪大果袋底角通气孔。对淹水桃园，应适时除袋，并及时喷洒一次高效杀菌剂。

- **及时追肥** 雨后对桃、李、梨等已挂果的果园要及时喷施叶面追肥，促进果实着色，提高果品品质。注意不要偏施氮肥，以免枝叶过度生长，导致组织脆弱，成为病原菌容易感染的目标。

- **采取化学防治方法** 把握适当时机施药，并严守用药的相关规定，以发挥药剂防治的效果，确保果品的安全，此外，应避免连续使用同一类型的药剂，以防止诱发病菌的抗药性。注意用药安全，合理使用绿色无公害农药，禁止在果园内使用高毒、高残留、高致癌农药。

话题3　梅雨对人类健康的危害与预防

梅雨对人类健康的危害及预防

梅雨天气持续，使人感到明显不适，产生恶劣情绪，甚至为一点小事就火气陡升，拔拳相向。梅雨天温度多变且湿度大、气压低，人的机体调节功能可能出现问题，比如郁闷、烦躁等。梅雨季节还给人类健康带来危害，常常会引发多种疾病。

1. 容易引发拉肚子等肠道疾病

● 梅雨季节东西容易发霉，特别是中下旬梅雨季，连绵阴雨易使花生、玉米、谷类等食物发生霉变，饭菜等食物也容易发霉变质，人不小心吃了，很容易发生肠胃炎。

● 黄梅季节温度高，湿气重，但昼夜温度仍存在一定差距，忽冷忽热，冷热不均，如果人们添衣换衣不够及时，引起着凉，使得机体免疫力下降，易引发肠胃炎。

● 梅雨季节最适宜霉菌的生长繁殖，霉菌毒素可以引起人体急性中毒、慢性中毒和致畸、致癌，以及使体内遗传物质发生突变等。

专家推荐　　预防措施

◆ 在饮食上，要注意生熟食物分开，避免交叉感染，定时清洗砧板。

◆ 食物一定要烧熟煮透，隔夜餐须回锅加热，冰箱里的食物不能存放太久。

◆ 当发现食物有异味时，应立即丢弃，千万不要食用。

2. 容易引发关节炎等风湿类疾病

● 梅雨季节湿度大，日夜温差也大，晴雨交替变化又快，极易诱发肩颈、腰部、膝关节等部位风湿类疾病。

● 有些关节疼痛是由于空气湿度大引起的，特别是以往就存在腰肌劳损、扭伤、骨折，或有手术切口的人，在梅雨季来临时会出现上述部位及关节的酸痛。

专家推荐　　预防措施

◆ 注意保暖，根据气温的变化而增减衣服，要重点保护腕、肘、肩、膝等部位。

◆ 有关节炎病史的患者，可考虑使用护腕、护膝保护脆弱的病变关节，避免寒冷的刺激。老病号不要在阴暗、潮湿的环境中久留，室内环境应暖和、干燥、通气。

◆ 注意多运动，提高自身免疫力，但阴雨天气不宜外出运动。

◆ 饮食注意多吃蔬菜、水果，少吃含有动物脂肪的食物。

3. 容易引发心·脑血管疾病

在梅雨期也容易引起心血管疾病。长期阴雨形成的高湿度、低气压容易使人们血管收缩、血压升高，从而诱发心肌梗塞、脑中风等疾病。

专家推荐　　预防措施

◆ 心脑血管疾病患者要注意调整饮食和睡眠，多吃清淡易消化的食物。

◆ 要注意休息，中午打个盹，晚上莫熬夜，有意识放慢工作和生活节奏，放松心情。

4. 容易引发呼吸道疾病

梅雨季节，天气反复无常，忽冷忽热，雾气大、湿度也大。潮湿的天气最适合霉菌生长，是上呼吸道感染、慢性支气管炎、支气管哮喘等呼吸道疾病的重要诱发因素之一。

专家推荐　　预防措施

◆ 遇暖要缓脱减衣物，尤其是儿童等体质虚弱者，以免引发疾病。如果一定要减衣，也要少减，以不出汗为宜。遇到气温下降，一定要注意加衣，特别是幼童、老人、孕妇等抵抗力较弱人群，更应及时添加衣物。

◆ 注意室内清洁卫生，保持生活、工作环境空气流通，减少螨虫、室内灰尘、棉絮、霉菌、烟和花粉等容易引发哮喘的过敏源。有过敏体质的人要积极查找和避开过敏源。

◆ 尽量少到人群密集的地方或长时间待在密闭的空间里。

5. 容易引发皮肤病

气温升高、阴雨绵绵，容易引起霉菌感染。霉菌引起的疾病属于真菌类感染性疾病，常见的包括脚癣、手癣、股癣等。从霉菌侵犯的人体部位而言，可以侵及皮肤、毛发、指甲，严重的还会侵犯内脏等其他器官，危害健康。

专家推荐　　预防措施

◆ 保持公共卫生和个人卫生，出汗后及时擦拭、清洗，做到勤洗澡、勤洗手脚，勤换衣被、鞋袜，有太阳时衣被多晾晒。

◆ 洗浴时用具要专人专用，严防相互间交叉感染。

◆ 尽量少用沐浴露等洗护用品，因为洗护用品或多或少都含有化学物质，可能致使敏感的皮肤出现病症。一般用温水洗澡便可。

◆ 保持家居环境的干燥，具体措施是经常通风即可，湿度较大时则可用空调抽湿。

◆ 保持心情愉快，合理饮食。

6. 容易引发抑郁症

梅雨季节，气压低，湿度大，天气闷热，这种特殊的气候变化，会使有些人出现沮丧、抑郁情绪，抑郁症病人则会出现症状恶化，导致并发抑郁和失眠。当空气湿度大于70%时，人容易出现疲惫、烦躁不安、极易发怒等症状。再加上阴雨天，人们的户外活动减少，人际交往受到限制，更容易陷入沮丧的情绪中，情绪烦躁，容易发脾气甚至打架动手。

专家推荐　预防措施

培养并保持良好的兴趣爱好，郁闷时和知己好友倾诉苦恼，换一种思考方式来改变处理问题的策略等。

◆ 注意休息，生活要有规律，多参与体育活动。

◆ 保持居室通风干燥，衣服要常换常洗，注意饮食卫生。

梅雨季节的饮食保健

梅雨季节，空气湿度过大，会危害人体健康，中医称之为“湿邪”。人体脾胃受“湿邪”的影响最大。具体表现为食欲不振、腹胀、腹泻，消化功能减退，还常伴有精神委靡、嗜睡、身体乏力、不想喝水、舌苔白腻或黄腻等。如果长时间处于疲劳状态，运动少，再加上心情不舒畅，也会导致脾胃功能欠佳。这时候，如果再淋一场雨，容易使人患病。要避免受到“湿邪”的侵扰，在梅雨季节应采取以下保健措施：

● **免外湿伤身**　尽量少在潮湿的地方。如果条件允许，可使用抽湿机或在墙角放置干燥剂，保持室内湿度适中；阴雨天气时注意关闭门窗，等到天晴后及时打开，保持空气流通，以祛除湿气；外出时携带雨具以防淋雨；外出不要坐在阴冷潮湿的地方。

● **注意劳逸结合**　过度疲劳容易导致湿邪乘虚而入，

因此，一定要合理安排作息时间。同时还要注意加强体育锻炼，适度的运动能增强体质，助消化，促进血液流通。

• **合理饮食** 多吃一些健脾化湿的食物，如扁豆、薏仁、冬瓜等，切记不宜多吃生冷、油腻的食物，以免助湿伤脾。必要时可服用健脾化湿药物，如藿香正气水、保和丸等。

梅雨季节物品如何防霉

无孔不入的霉菌给生产和生活都带来危害：

• 由于梅雨时节空气湿度很大，粮食如没有晒干或储存不当，就很容易霉变。

• 衣服如果没有洗涤干净和彻底晒干，草率地收进衣箱，不管是纯棉的、羊毛的，还是混纺的都会长霉。

• 木材、家具等生霉司空见惯，而胶底鞋、轮胎、橡胶管、塑料制品也会生霉，造成木料霉烂、橡胶老化、塑料脆裂和失去光泽。

• 霉菌还能在油漆涂层上生长，使油漆黯然失色。

• 霉菌能使电线漏电，有可能引起火灾。

• 霉菌连玻璃也不放过，照相机、摄像机和显微镜如果保存不当，霉菌就会在镜头上结成网状菌丝，使镜头的透光度大为降低，甚至报废。

专家推荐 预防措施

保持室内通风、日晒、干燥和正确使用防霉剂。

◆ 晴天时，居室、仓库要通风，不让喜欢阴暗潮湿环境的霉菌滋生。

◆ 衣服、被褥要在出太阳时及时晾晒；衣服没有晾晒的条件时，可放到烘干机烘干，如果烘干机附带杀菌功能的当然最好，也可用电吹风把衣服吹干。

◆ 尽可能少开衣柜门，避免吸湿性较强的棉、麻、丝、毛等织物霉变。对于棉毛衫裤等衣物，最好别放在塑料袋内存放；大件衣物可密封在真空袋子里，在衣物堆里塞几粒樟脑丸也有利于防止衣物霉变虫蛀。

◆ 鞋也应该保持干爽，多双鞋子换着穿，让鞋子通风透气。

◆ 梅雨季节，各种家用电器要经常开机。电器通电后产生的热量，可对电器内部进行除湿，避免家用电器长期不用导致短路、漏电。

◆ 照相机、摄像机、显微镜等精密器械可在梅季到来之前擦干净，密封保存，并在密封器内放干燥剂。

◆ 皮鞋及家具可涂防霉油与涂料。

◆ 放橡胶、木材的仓库可喷洒福尔马林防霉。

梅雨期怎样储藏食品

梅雨季节临近，家里的食品保管不当很容易发霉，霉变食品会对人体造成很大的危害。霉菌在气温 20～28℃、相对湿度 80%～90% 的环境下比较容易生长，而黄梅季节的气象特征正好符合这些条件。

1. 储存措施

● **保持干燥**　干香菇、木耳、笋干、坚果、干辣椒、干萝卜等干货应置于密封的容器内保存，有条件的应在容器内放置干燥剂。米、面粉等应储存在通风干燥处，这样可大幅度降低霉菌产毒的数量。

- **低温保存**　在低温条件下，霉菌繁殖速度会减慢。所以可以把干咸鱼、海米放到冰箱里储存，有冷藏、干燥的双重作用。

- **低氧保存**　霉菌多属于需氧微生物，生长繁殖需要氧气。瓶（罐）装食品灭菌后充以氮气或二氧化碳、将食物压实、进行脱气处理或加入油封等，都可以造成缺氧环境，防止大多数霉菌的繁殖。

在装有酱油、醋的瓶子里加入一层熟的豆油或香油，让酱油、醋与空气隔绝，可防止霉菌繁殖生长。

食品防霉小窍门

◆ 对于肉类腌制食物放在冰箱里保存是不错的方法，也可以用棉签蘸上少许菜油，均匀地涂抹在它们表面，然后将其挂在通风、阳光不直射的地方。

◆ 100 公斤大米中放 1 公斤海带（米少的话，海带也可少放点），可以杀死米虫，抑制霉菌。

◆ 米桶内放几只干净的螃蟹壳、甲鱼壳、几个大蒜头、几粒花椒，也可以防止生虫。

◆ 如干货上已经有一些霉花，可用刷子刷去霉花，再用小火将干货烘烤干，待冷却后密封存放，切记不能用水冲洗。

◆ 在酱油里加 15% 黄酒（少许白酒也行），既可增加酱油的香味，又可以防霉，切几片大蒜放在酱油瓶里，也同样可防止长白膜。

◆ 零食开包以后，及时吃完，如一下子吃不完，需将袋口扎紧，放在密封的盒子内，或放进冰箱保存。

2. 专家建议

- 食品出现霉变后应及时丢弃，不要食用。有人觉得太可惜，就把发霉部分去掉，保留剩余部分，这样做极为不妥。虽然食物表面的霉菌被去除了，但霉菌毒素往往还会保留在食品中，食用后可能引发食物中毒。
- 霉变的花生、玉米千万不能吃，因为它们是滋生黄曲霉菌毒素的食品。有专家调查研究证实，我国的原发性肝癌与当地黄曲霉毒素污染有关。食品中的黄曲霉毒素用一般的清洗、烧煮等方法不能清除，因此，霉变的食品一定要及时丢弃。
- 禁止食用“黄变米”。

> “黄变米”是指稻谷收割后，在储存过程中因水分含量过高，被霉菌污染后发生霉变的米，由于稻谷霉变后呈黄色，故得名。镰刀菌毒素通常通过霉变粮谷危害人畜健康，具有较强的细胞毒性，可以破坏机体的免疫力并导致畸胎的发生。

第六讲 酸雨灾害与防御

话题1 酸雨及其危害

什么是酸雨

酸雨，顾名思义，就是酸性的降水。酸雨是由于人类向大气中排放大量酸性物质造成的。我国的酸雨主要是因大量燃烧含硫量高的煤而形成的，此外，各种机动车排放的尾气也是形成酸雨的重要原因。近年来，我国一些地区已经成为酸雨多发区，酸雨污染的范围和程度已经引起人们的密切关注。我国三大酸雨区包括：

- **华中酸雨区** 是我国目前酸雨污染范围最大，中心强度最高的酸雨污染区。
- **西南酸雨区** 是降水污染严重区域，污染程度仅次于华中酸雨区。
- **华东沿海酸雨区** 它的污染强度低于华中、西南酸雨区。

我国酸雨最多的地方是贵阳。

中国环境科学研究院、清华大学等单位的研究结果表明，由二氧化硫等导致的酸雨污染每年给我国造成的损失超过1 100亿元，整个大气污染所造成的损失每年约占中国GDP的2％～3％，我国有近1/3的国土遭受酸雨污染。

酸雨的危害

1. 危害人体健康

● 酸雨刺激人的眼角膜和呼吸道黏膜，容易导致红眼病和支气管炎，还能诱发肺病。

● 农田土壤酸化后，使本来固定在土壤矿化物中的有害重金属，如汞、镉、铅等再溶出，被粮食、蔬菜等农作物吸收和富集，人类摄取后，易中毒和引发疾病。这是酸雨对人体健康的间接影响。

● 酸雨污染严重地区的儿童免疫功能呈下降趋势，表示人的生理指标的收缩压、舒张压有下降趋势，呼吸系统功能下降，支气管哮喘发作次数增多，慢性鼻炎、咽炎等鼻咽喉部疾病的患病率增加。

● 酸雨污染区的老年人眼部和呼吸道系统的患病率增加。

2. 破坏文物

酸雨能使一些珍贵文物面目皆非。使碑林文字模糊，使石雕、壁雕等剥蚀严重。这是因为碑林、石刻大都由石灰岩雕成，遇到酸雨起化学反应，从而被腐蚀。

3. 对动物的危害

酸雨降落到湖里会引起湖泊酸化，湖里的藻类减少，鱼类死亡，虾类甚至灭绝。酸雨引起的酸雾，还会使鸟类受到伤害。

4. 破坏生态平衡

酸雨影响土壤的理化特性，从而影响土壤中小动物和陆地绿色植物的生长发育，影响土壤微生物种群变化。

5. 对农作物的危害

在农作物中，蔬菜比谷类作物更易受酸雨危害：

- 番茄、芹菜、茄子、春瓢白（白菜的一个品种）、豇豆和黄瓜是对酸雨最敏感的蔬菜，受酸雨影响时，产量可下降20%以上。
- 生菜、冬瓢白（白菜的一个品种）、四季豆和辣椒是对酸雨中等敏感的蔬菜，受酸雨影响时，产量可下降10%～20%。
- 青椒、甘蓝、菠菜、小白菜和胡萝卜是对酸雨抗性较强的蔬菜，但受酸雨影响时，产量也可下降10%以下。

6. 影响森林生长

下酸雨时，土壤被酸雨侵蚀后酸化、肥力降低，树叶会受到严重侵蚀，导致叶面损伤和坏死、早落叶、林木生长不良，还导致单株死亡。因此，酸雨会使树木的生存受到严重危害，可造成大面积森林衰退。

酸雨对森林造成危害使森林衰亡的现象最早是在我国西南地区出现，如：

◎ 重庆南山1500公顷马尾松林已死亡46%。

◎ 四川峨眉山冷杉林死亡率达40%。

◎ 重庆奉节县茅草坝6000公顷华山松林已经死亡达96%。

◎ 柳州市郊、广州白云山、杭州市郊和天目山等地也出现较严重的酸雨危害林木的现象。

话题2　酸雨的防御与治理

酸雨的治理与防御

● 要治理酸雨污染，根本措施是减少二氧化硫和氮氧化物的排放，也就是要减少煤和石油的燃烧。节省能源，少用一次性用品，只有从身边的小事做起，爱护环境，大家一起行动起来，才能从根本上抑制酸雨。

● 污染严重地区的降雨一般都是酸雨，降酸雨时，应打伞或使用其他雨具，不要直接淋雨。

● 酸雨会引起头痛，还会引起眼睛、鼻子、喉咙过敏。有呼吸系统疾病，如哮喘、干咳等的人群最好待在屋里不要出门。

● 被酸雨淋过的水果、蔬菜最好不要吃，因为酸雨中的有毒金属会被水果、蔬菜吸收。

● 不要让畜禽吃被酸雨淋过的蔬菜水果，因酸雨中的有毒金属可残留在动物体内，吃下这些畜禽后会对人类产生产严重影响。

• 筛选和培植抗酸雨农作物和树种。樟树、茶、山茶、柑橘、橙、桧柏、侧柏等是抗酸雨的经济作物，可以取代马尾松等易受酸雨侵害的针叶树。

改善酸化的措施

• 汽车安装催化净化器，将氮的氧化物转化为氮气，排向大气。

• 对于已酸化的湖泊，可以加入石灰石等碱性物质以中和其酸性，从而改善水生生物的生存条件。

• 对于已酸化的土壤，可投入有碱性的石灰，使土壤酸性中和，已溶出的铝离子重新沉淀，恢复土壤、作物的正常营养循环。

• 对酸雨多发和二氧化硫多排放区进行规划和控制。

第七讲

雷电灾害与防御

话题1 雷电及其预警

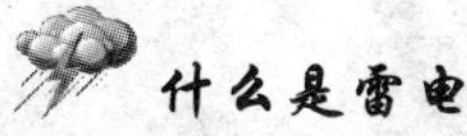

什么是雷电

实际上，雷电就是巨大的电火花。正电流聚集在云层的下部，负电流聚集在云层的上部或地面上，就像电磁一样，正、负电相互吸引，经不断传递，正、负电流相碰，形成巨大电火花，于是形成闪电。

由于光速比声速大约快100万倍，所以在闪电与伴随的雷声之间，会有一定的时间差。这就是人们总是先看到闪电，后听到雷声的原因。自然界每年都有几百万次闪电。

> 雷电灾害是“联合国国际减灾十年”公布的最严重的十种自然灾害之一。最新统计资料表明，雷电造成的损失已经上升到自然灾害的第三位。全球每年因雷击造成的人员伤亡和财产损失不计其数。据不完全统计，我国每年因雷击以及雷击负效应造成的人员伤亡达3 000～4 000人，财产损失达50亿～100亿元人民币。

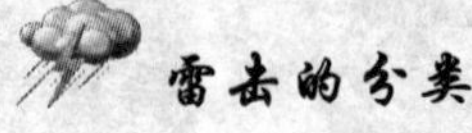

雷击的分类

雷击方式主要有三种类型：

1. 直接雷击

带电的云层对大地上的某一点发生猛烈的放电现象，称为直击雷。它的破坏力十分巨大，若不能迅速将雷电电流释放入大地，将导致放电通道内的物体、建筑物、设施、人畜遭受严重的破坏或损害，引发火灾，电气系统被摧毁，甚至危及人畜的生命安全。

2. 感应雷击

带电云层由于静电感应作用，使地面某一范围带上异种电荷。当直击雷发生以后，云层带电迅速消失，而地面某些区域由于散流电阻大，以致出现局部高电压，或者由于直击雷放电过程中，强大的脉冲电流对周围的导线或金属物产生电磁感应发生高电压以致发生闪击的现象，叫做“二次雷”或称“感应雷”。

> 雷电感应与直接雷击破坏的对象不同，直击雷主要击坏放电通路上的建筑物、输电线，击死击伤人畜等，后者主要破坏电气设备。

3. 球形雷

球状闪电是一个呈圆球形的闪电球，就是球形雷，俗称滚地雷。

球状闪电通常都在雷暴之下发生，它十分光亮，略呈圆球形，直径20～50厘米。通常它只会维持数秒，但也有维持了 1 ~2 分钟的纪录。它可以在空气中独立而缓慢地移动。在它短短几秒的生命中，它的光度、形状和大小都保持不变。它曾在空地、封闭的房间内甚至飞机舱内出现!

球状闪电具有破坏力。它既可以破坏玻璃窗，也能使墙壁的外层剥落，也曾造成人和动物的伤亡。

> 有目击者看见球状闪电像火球掉在地上又弹回空中消失。还有少数目击者说它会随着金属物品走，例如电话线，但多数人都说它的路径不定。绝大部分目击者都说它是横向移动的。

易遭受雷击的区域

闪电总是蜿蜒曲折沿着电阻最小的路径行进。它在空中的路径完全取决于空中的电场和电荷分布，而通常只在离地面十几米至百米高度时，才受到地面状况的影响。一般来说，地面导电性能好，有突出的高大物体等，都易遭受雷击。易遭受雷击的区域有：

- 导电性能好的金属矿物地质条件比一般地质条件更易遭雷击。
- 湿土被雷击的概率比干土、沙地和岩石地面要多。
- 水面比旱地易遭雷击。
- 高楼、烟囱等突出建筑物比平地易遭雷击。
- 山地比谷地易遭雷击。

雷电预警信号及其含义

雷电预警信号分为三级，分别以黄色、橙色、红色表示，如图 7—1 所示。

图 7—1　雷电预警信号等级标志

1. 雷电预警信号标准

雷电预警信号等级	标　准
雷电黄色预警信号	6 小时内可能发生雷电活动，可能会造成雷电灾害事故
雷电橙色预警信号	2 小时内发生雷电活动的可能性很大，或者已经受雷电活动影响，且可能持续，出现雷电灾害事故的可能性比较大
雷电红色预警信号	2 小时内发生雷电活动的可能性非常大，或者已经有强烈的雷电活动发生，且可能持续，出现雷电灾害事故的可能性非常大

2. 雷电预警信号的含义

当气象部门发布雷电预警信号时，意味着政府、有关单位、农业部门、城市和乡村居民等需要做好相应的防御准备工作。

(1) 雷电黄色预警防御指南

- 政府及相关部门按照职责做好防雷工作。
- 尽量避免户外活动。

（2）雷电橙色预警防御指南

● 政府及相关部门按照职责落实防雷应急措施。

● 人员应当留在室内，并关好门窗。

● 户外人员应当躲入有防雷设施的建筑物或者汽车内。

● 切断危险电源，不要在树下、电线杆下、塔吊下避雨。

● 在空旷场地不要打伞，不要把农具、羽毛球拍、高尔夫球杆等扛在肩上。

（3）雷电红色预警防御指南

● 政府及相关部门按照职责做好防雷应急抢险工作。

● 人员应尽量躲入有防雷设施的建筑物或者汽车内，并关好门窗。

● 切勿接触天线、水管、铁丝网、金属门窗、建筑物外墙，远离电线等带电设备和其他类似金属装置。

● 尽量不要使用无防雷装置或者防雷装置不完备的电视、电话等。

话题2 雷电对人的伤害

雷雨天气常常会产生强烈的放电现象，如果放电击中人员、建筑物或各种设备，常会造成人员伤亡和经济损失。

闪电的受害者有2/3以上是在户外受到袭击，平均每3个人中有两个幸存。在被闪电击中致死的人中，85%是女性，年龄大都在10岁至35岁之间。死者以在树下避雷雨的最多。

案例 2009年6月14日，5名游客攀爬箭扣长城时遭雷击，其中一对夫妇坠落断崖身亡，其余3人被接下山。当时被雷击中的5名游客正走到箭扣长城最险峻的一段“鹰飞倒仰”，一道闪电在5人中末尾的两人中间炸出一道红光，两人掉下了30多米高的断崖不幸遇难，其余3人也被击倒在地。

雷电对人的伤害方式

雷电对人体的伤害，有电流的直接作用伤害、超压或动力作用伤害，以及高温作用伤害。当人遭受雷电击的一瞬间，电流迅速通过人体，重者可导致心跳、呼吸停止，脑组织缺氧而死亡。另外，雷击时产生的火花，也会造成不同程度的皮肤烧灼伤。雷电击伤，也可使人体出现树枝状雷击纹，使皮肤表皮剥脱，皮内出血，也能造成耳鼓膜或内脏破裂等。

雷电对人的伤害方式，归纳起来有四种形式，即：直接雷击伤害、接触电压伤害、旁侧闪击伤害和跨步电压伤害。

1. 直接雷击

在雷电现象发生时，闪电直接袭击到人体，如图7—2所示。因为人是一个很好的导体，高达几万到十几万安培的雷电电流，由人的头顶部一直通过人体到两脚，流入到大地，人因此受到雷电的击伤，严重的可导致死亡。

2. 接触雷击

当雷电电流通过高大的物体，如高的建筑物、树木、金属构筑物等释放下来时，强大的雷电电流，会在高大导体上产生高达几万到几十万伏的电压，人不小心触摸到这些物体时，会受到这种触摸电压的袭击，发生触电事故，如图 7—3 所示。

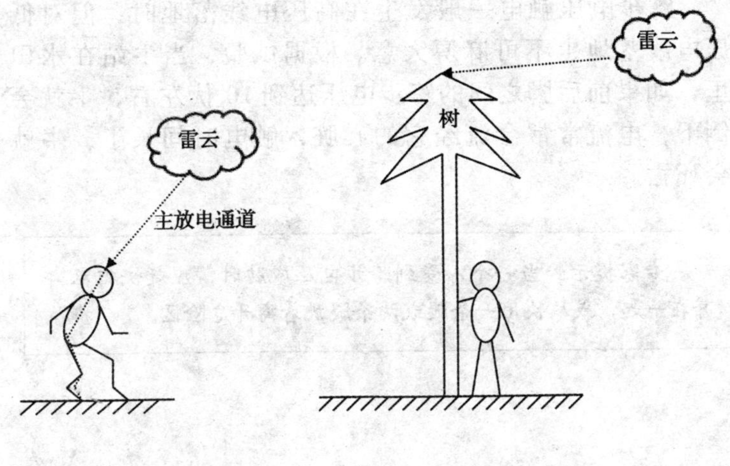

图 7—2　直接雷击　　　　图 7—3　接触雷击

3. 旁侧闪击

当雷电击中一个物体时，强大的雷电电流，通过物体释放到大地。一般情况下，电流最容易通过电阻小的通道穿流，而人体的电阻很小，如果人在被雷击中的物体附近，雷电的电流就会在人头顶高度附近，将空气击穿，再经过人体释放下来，使人遭受袭击，如图 7—4 所示。

4. 跨步电压

当雷电从云中释放到大地时，就会产生一个电位场。电位的分布是越靠近地面雷击点的地方电位越高；远离雷击点的电位就低。如果雷击时，人的两脚站的地点电位不同，这种电位差在人的两脚间就产生电压，也就有电流通过人的下肢。两脚之间的距离越大，跨步电压也就越大，如图 7—5 所示。

跨步电压触电一般发生在高压电线落地时，但对低压电线落地也不可麻痹大意。根据试验，当牛站在水田里，如果前后脚之间的跨步电压达到 10 伏左右，牛就会倒下，电流常常会流经它的心脏，触电时间长了，牛就会死亡。

专家提示： 当一个人受到跨步电压威胁时，应赶快把双脚并在一起，或尽快用一条腿或两条腿跳着离开危险区。

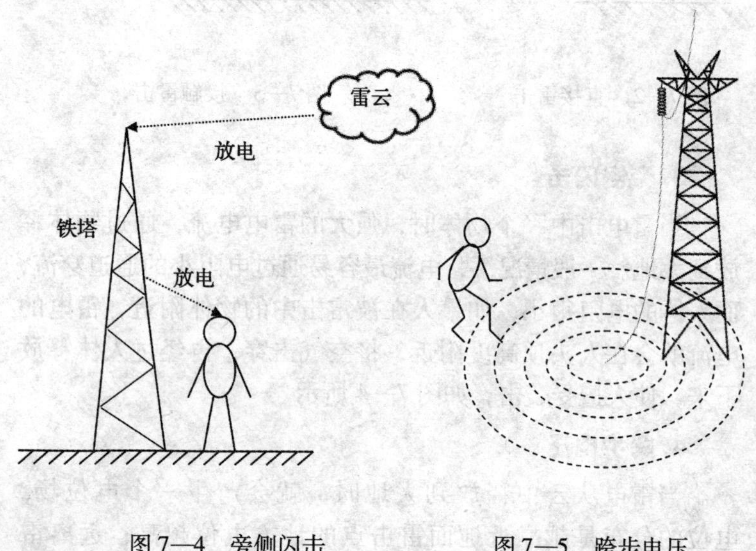

图 7—4　旁侧闪击　　　　图 7—5　跨步电压

话题 3　雷电的防御

农村预防雷电措施

由于农村没有比较高的建筑物来释放雷电，因此空旷地带一些较高的树木、天线甚至房屋成了雷电袭击的目标。不论建筑物的高低，都有可能遭受雷电袭击，原因是没有防雷引线和接地装置，配电系统没有保护接地措施。农村配电多数是架空传输，有线电视还没有普及，自家安装在突出部位的电视天线易遭受雷击。电视天线安装不妥也会引雷入室。为避免雷击，建房时应避开潮湿地区和孤立的高岗，可以利用自然地梁基础、结构柱钢筋，最好露敷（或暗敷）避雷带、针、网，提高防雷安全系数，推广普及配电接地有线电视系统，也可安装避雷器。避雷器一般安在房屋尖顶及屋脊、烟囱、通风管道、平顶屋边缘等处，因为这些地方是最易遭受雷击之处，应重点保护。

> **专家提示**：农村的电视天线一般都比房屋要高出许多，如果没有采取避雷措施或措施不完善，就很容易引发雷击事故。正确的做法是，首先将天线接地，然后安装天线馈线避雷器。

1. 室外防范雷电的安全措施

- 不宜在大树下躲避雷雨，如万不得已，则须与树干保持 3 米距离，下蹲并双腿靠拢。身高在树木高度的 1/5 以下时，比较安全。

案例 2005年6月19日下午4时多，海口地区雷雨交加，正在田里割稻谷的海口东山镇东星村村民黄某及其母亲、嫂子3人急急忙忙跑到田边的一棵大树下躲避，不料躲过了雨淋却遭到了雷击，最终酿成一死两伤的惨剧。

- 切勿在山洞口、大石下或悬岩下躲避雷雨，因为这些地方容易形成火花间隙，电流从中通过时产生的电弧可以伤人。尽量躲到山洞深处，两脚也要并拢，身体也不可接触洞壁，同时要把身上的金属物件，如手表、戒指、耳环、项链等物品摘下来，携带的金属工具也要离开身体，放到一边。
- 雷雨天气不要人与人拉在一起，相互之间要保持一定的距离，避免在遭受直接雷击后传导给他人。
- 雷雨天气不宜在水面和水边停留；不宜在河边洗衣服、钓鱼、游泳、玩耍。如果你在江、河、湖泊或游泳池中游泳时，遇上雷雨则要赶快上岸离开。因为水面易遭雷击，况且在水中若受到雷击伤害，还会增加溺水的危险。另外，尽可能不要待在没有避雷设备的船只上，特别是高桅杆的木帆船。
- 人在空旷地活动时，很容易成为“引雷针”。因此，雷雨天气应避免在空旷地方行走、骑车、劳作等，更不宜在旷野中撑打雨伞或肩扛锄头等物，以免遭雷击。
- 应回避山顶上的孤树和孤立草棚等，如果一时又找不到其他避雷场所，野外的密林也可以避雷电，因为密林各处遭受雷击的机会差不多。这时最好选择林中空地，要双脚并拢，与四周的树保持一定的距离。简而言之，只有一棵树时，不要在下面避雷雨，但在一片树林中，就可以躲避雷雨。

• 如正在驾车，应留在车内。车壳是金属的，因屏蔽作用，就算闪电击中汽车，也不会伤人，因此，车厢是躲避雷击的理想地方，要注意不要将头和手伸出窗外。

专家提示：雷雨天防范雷电的原则：一是人体的位置尽量降低，以减小直接雷击的危险；二是人体与地面的接触部分如双脚要尽量靠近，与地面接触面积越小愈好，以减少“跨步电压”；三是在雷电交加时，感到皮肤刺痛或头发竖起，是雷电将至的先兆，应立即躲避；四是取下身上佩戴的金属饰品和发卡、项链等。把带在身上的一切金属物拿下放在背包中，尤其金属框的眼镜一定要摘下来。

2. 室内防范雷电的安全措施

• 要注意关闭门窗。对钢筋水泥框架结构的建筑物来说，关闭门窗可以预防侧击雷和球雷的侵入。大多数球雷沿建筑物的烟囱、窗户、门进入室内，在室内运动数秒钟便自动移出，自动移出时易引起爆炸。

案例 1995 年 5 月 29 日早上 6 时许，辽宁省岫岩满族自治县石灰窑村一姓张的村民一家 4 口正在睡觉，一球雷沿窗户进入室内，接着发生爆炸导致房子起火燃烧，4 岁的女孩、9 岁的男孩和妻子遭雷击不幸身亡。

• 拔掉电视的户外天线插头和电源插头。

• 不要靠近窗口，尽可能远离电灯、电线、电话线等引入线。

• 雷雨天尽量少洗澡，太阳能热水器用户切忌洗澡。

• 不要将晒衣服和被褥用的铁丝接到窗外、门口，以防铁丝引雷。

3. 建筑物附近避雷的安全措施

• 远离楼房等高大物体，如果来不及离开高大的物体，应该找些干燥的绝缘物放在地下，坐在上面或采用下蹲的避雷姿势，注意双脚并拢，如图 7—6 所示。千万不可躺下，这时虽然高度降低了，却增大了“跨步电压”的危险。水能导电，所以潮湿的物体并不绝缘。

• 雷电期间应尽量避开未安装避雷设备的高大物体，如高塔、大吊车、高楼、烟囱、电线杆、旗杆等。

• 不要靠近高压变电室、高压电线和避雷设备的任何部分。

• 不要停留在楼（屋）顶和较高的平台上。

图 7—6　正确与错误的避雷姿势

● 远离建筑物外露的水管、煤气管等金属物体及电力设备。

● 远离铁栏及其他金属物体，如铁路、延伸很长的金属杆和其他庞大的金属物体。

4. 使用电器时预防雷电的安全措施

● 雷雨天应尽可能关闭各类家用电器，如电视机、电脑等，并拔掉电源、天线插头，以防雷电从线路入侵，危害电器造成火灾或人员伤亡。

● 尽量不要使用设有外接天线的收音机和电视机。

● 切忌在雷电时特别是在地势较为空旷、周围没有高大建筑物的地方使用手机。

案例一 1994年8月9日晚，辽宁省新民县某村4名妇女围坐炕上看电视，雷电由室外天线引入，造成机毁人伤。这是因为避雷针只能保护建筑物，但对沿架空电线、电话线侵入的雷电波却无能为力。

案例二 2009年6月5日上午，内蒙古自治区赤峰市翁牛特旗阿什罕苏木乃林高勒嘎查一对双胞胎兄弟正在稻田插秧时，天气突变、雷电交加，兄弟俩连忙跑到附近的大树下避雨。就在此时，哥哥的手机突然来了短信息，哥哥查看短信时被雷电击倒，当场死亡，在他旁边避雨的弟弟也被雷电击晕受伤。

农村预防雷电要诀

● 雨天室外不用手机。

- 室内比室外安全。
- 低处比高处安全。
- 坐下、蹲下比站立安全。
- 大树下避雷最危险，应离开树干 3 米远。
- 远离高楼、高烟囱。
- 田间窝棚、简易农舍避雷不安全。
- 远离各种电线类金属物体。

话题 4　雷电遇险急救

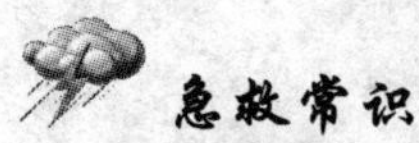

急救常识

雷电伤人主要是强大的雷电电流的作用。它对人体的主要危害往往不是灼伤。如果雷电击中头部，并且通过躯体传到地面，会使人的神经和心脏麻痹，很可能致命，人受雷电电流冲击后，心脏或者停止跳动，或者跳动速率极不规则，发生颤动。这两种情况都使血液循环中止，造成脑神经损伤，人在几分钟内就可能死亡。遭雷击后抢救及时还是有可能复活的。有时即使感受不到受害者的呼吸和脉搏，也不一定意味着死亡，如能及时抢救（如人工呼吸），往往还能使“死者”恢复心跳和呼吸。此外，雷击可能使伤者的衣服着火，也可能会熔化伤者的金属饰物和手表等。

当人体被雷击中后，人们往往会觉得遭雷击的人身上还有电，不敢抢救而延误了救援时间，其实这种观念是错误的，因为雷击是瞬间发生的，雷击过后，雷电电流也就消失。雷击后进行人工呼吸的时间越早，对伤者的身体恢复越好，因为人脑缺氧时间超过十几分钟就会有致命危险。如果能在4分钟内以心肺复苏法进行抢救，让伤者心脏恢复跳动，还有生还可能。

急救要点

- 使伤者就地平卧，松解衣扣、胸罩、腰带等。
- 如果伤者衣服着火，可往伤者身上泼水，或者用厚外衣、毯子把伤者裹住以扑灭火焰。
- 立即口对口呼吸，并进行胸外心脏挤压，坚持到病人醒来为止。
- 用手按住或用针刺人中、十宣、涌泉、命门等穴。
- 如果遇到一群人被闪电击中，能发出呻吟的人不要紧，应先抢救那些已无法发出声息的人。
- 送医院急救。

> **专家提示：** 受雷击人员如果身上着火，切勿因惊慌而奔跑，这样会使火越烧越旺，可在地上翻滚以扑灭火焰，或趴在有水的洼地、池中熄灭火焰。用冷水冷却伤处，然后盖上敷料，例如用折好的干净手帕盖在伤口上，再用干净布块包扎。

第八讲

雷暴灾害与防御

话题1 雷暴及其危害

什么是雷暴

雷暴是伴有雷击和闪电的局地对流性天气。雷暴常出现在春夏之交或炎热的夏天，大气中的云层处于不稳定时容易产生强烈的对流，云与云、云与地面之间电位差达到一定程度后就要发生放电，有时雷声隆隆、耀眼的闪电划破天空，常伴有大风、阵性降雨或冰雹，雷暴天气总是与发展的积雨云联系在一起。在天气预报中，人们常常说雷雨大风等强对流天气，就是指伴有强风或冰雹的这种雷暴天气。

> 我国的雷暴天气南方多于北方，山区多于平原。多出现在夏季和秋季，冬季只在我国南方偶有出现。

雷暴出现的时间多在下午，持续时间一般较短，单个雷暴一般不超过 2 小时。夜间因云顶辐射冷却，使云层内的温度层结变得不稳定，也可引起雷暴，称为夜雷暴。

雷暴灾害是联合国公布的10种最严重的自然灾害之一，也是我国受害最严重的十大自然灾害之一。

雷暴的危害

雷暴活动有很强的季节性，一年中，夏季最多，冬季最少。雷暴有时候会生成火球，但一般发生在雷区。雷暴产生火球后，经常袭击生命体，并释放出强大的能量，雷暴产生的火球行进速度快，速度大约在每秒几米到几十米不等，具体要视火球的大小而定。雷区产生的雷暴所形成的火球速度不论大小都比人类奔跑速度要快得多，所以在雷区避免被雷暴击中的方法是静止，并且不要发出声响。

强雷暴是一种局部的但却很猛烈的灾害性天气，它不仅影响飞机安全飞行，干扰无线电通信，而且击毁建筑物、输电和通信线路的支架、电线杆、电气机车，损坏设备，引起火灾，击伤击毙人畜等。

案例一 1989 年 8 月 12 日，中国石油天然气总公司胜利输油公司山东黄岛油库油罐因雷击爆炸起火，大火连续燃烧 5 天 4 夜，造成直接经济损失 3 540 万元。

案例二 2010 年 6 月 13 日 19 时，首都机场出现强雷雨天气，降雨量约 12 毫米，雷暴持续 3 小时以上。在此期间，首都机场先后受到不同方向的降雨云带影响，短时伴有雷暴大风，最大风速达 17 ~21 米/秒。

此次雷暴天气对北京首都国际机场造成较大影响，机场进出港航班出现大面积延误。截至 6 月 13 日 23 时，首都机场共取消航班 42 架次、延误航班 127 架次。

话题 2　雷暴的防御

雷暴天气的应对

- 留意暴雨可能随时出现，切勿在河流、溪涧或低洼地区逗留。
- 人员应留在室内，且不要敞开门窗。
- 不宜停留在山顶、山脊或建筑物的顶部。
- 切勿游泳或进行其他水上活动，在室外工作的人员，应躲入建筑物内。
- 不宜进入临时性的棚屋等无防雷设施的低矮建筑。
- 不要靠近建筑物的外墙和电器。
- 避免使用电话或其他带有插头的电器，包括电脑等。
- 切勿接触天线、水龙头、水管、铁丝网或其他类似的金属装置。
- 避免淋浴，尤其是电热水器。
- 切勿处理以开口容器盛载的易燃物品。

• 在野外，树木或桅杆容易被闪电击中，应尽量远离。

• 不要躺在地上，潮湿的地面尤其危险。应该蹲着并尽量减少与地面接触的面积。

• 如遇上龙卷风，应立即躲入坚固的建筑物内。要远离窗户、蹲伏在地上并用手或厚垫保护头部。如在室外，应远离树木、汽车或其他可被龙卷风吹起的物件。

遭遇雷击应及时抢救

当人体遭雷击时，雷电流通过的时间很短，大部分电流流经皮肤，减少了对内脏的损坏，而增加了对皮肤的烧伤程度。如果人体遭雷击后，身体没有出现紫蓝色斑纹，有可能是假死，必须就地组织抢救，同时通知医院。

急救时最重要、最有效的措施是迅速进行人工呼吸和心脏按摩。在抢救过程中要特别注意给病人保暖，以减少体能的消耗。进行人工呼吸和心脏按摩必须连续进行，中间不能停顿，直至病人完全恢复呼吸和心脏跳动或者被证实死亡为止。

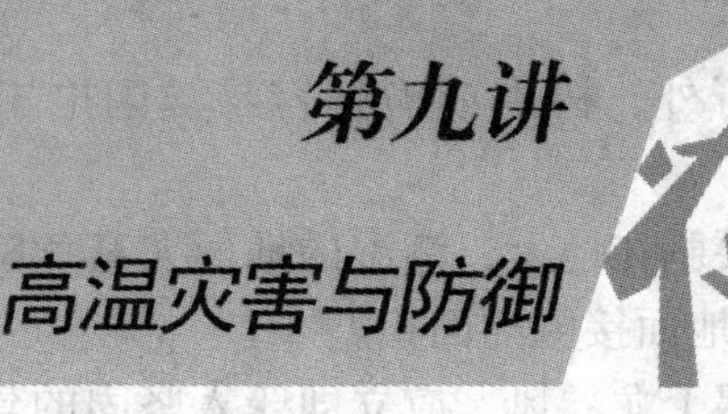

第九讲 高温灾害与防御

话题1　高温及其预警

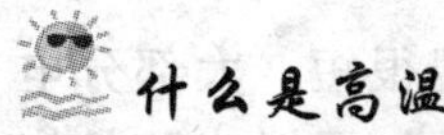

什么是高温

高温天气指当时的气温等于或大于35℃。如果气温达到或超过35℃，会发布高温预警信号。

最近50多年来，全国平均高温日呈现先减后增的态势，20世纪50年代至80年代初高温日数减少，80年代初开始呈现显著增加的趋势。

近年来，高温天气出现的频率较过去大大提高。以往较强的高温热浪天气一般3～4年出现一次，而从1999年至今，我国华北、长江流域及其以南地区和西北地区东部几乎每年都会出现持续10天以上的强度大、范围广的极端高温天气。

> **案例**　2009年6月23日，河北邢台最高气温一举突破40℃，一贯以“火炉”相称的吐鲁番更是达到了43.4℃。中国西北地区东部、华北、黄淮、江汉、江淮的气温一路蹿升，都超过了35℃。

高温预警信号

高温预警信号分三级，分别以黄色、橙色、红色表示，如图 9—1 所示。

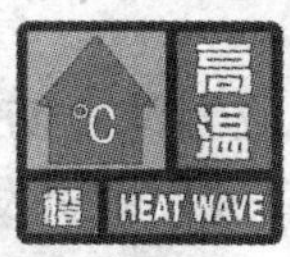

图 9—1　高温预警信号等级标志

1. 高温预警信号标准

高温预警信号等级	标　准
高温黄色预警信号	连续三天日最高气温将在 35℃以上
高温橙色预警信号	24 小时内最高气温将升至 37℃以上
高温红色预警信号	24 小时内最高气温将升至 40℃以上

2. 高温预警信号的含义

当气象部门发布高温预警信号时，意味着政府、有关单位、农业部门、城市和乡村居民等需要做好相应的防御准备工作。

(1) 高温黄色预警防御指南

- 有关部门和单位按照职责做好防暑降温准备工作。
- 午后尽量减少户外活动。
- 对老、弱、病、幼人群提供防暑降温指导。
- 高温条件下作业和白天需要长时间进行户外露天作业的人员应当采取必要的防护措施。

（2）**高温橙色预警防御指南**

- 有关部门和单位按照职责落实防暑降温保障措施。
- 尽量避免在高温时段进行户外活动，高温条件下作业的人员应当缩短连续工作时间。
- 对老、弱、病、幼人群提供防暑降温指导，并采取必要的防护措施。
- 有关部门和单位应当注意防范因用电量过高，以及电线、变压器等电力负载过大而引发的火灾。

（3）**高温红色预警防御指南**

- 有关部门和单位按照职责采取防暑降温应急措施。
- 停止户外露天作业（除特殊行业外）。
- 对老、弱、病、幼人群采取保护措施。
- 有关部门和单位要特别注意防火。

话题2　高温的危害与防御

高温的危害

高温是一种灾害性天气，这种天气会对人们的工作、生活和身体健康产生不良影响，还会给交通、用水、用电等方面带来严重影响。

- 高温天气容易让人感觉不舒服，容易引发多种疾病，给人体健康带来威胁，尤其对年老多病的人来说危害更大。
- 高温下工作的人员，特别是户外劳动人员容易中暑并导致机体失调，从而引发各种疾病甚至死亡。
- 高温天气还会导致农业生产的高温热害，会使灌浆后的早稻遭受“高温逼熟”，导致籽粒不饱满、粒重下降；

也使得脐橙、柑橘等水果幼果脱落严重，常常造成农作物减产。

案例一　2007年7月12日傍晚，在宁波江北一建筑工地，一名贵州民工在清扫垃圾时，因高热衰竭昏倒，体温极高。经过近10天的抢救，体温才降下来，逐渐清醒。

案例二　2010年3月以来，印度多地持续遭遇热浪袭击。首都新德里17日最高气温接近44℃，创下52年以来4月气温新高。印度官员18日说，4月份全国至少80人死于高温天气。

高温天气人员防御措施

● 尽量不要在烈日下劳动。必要时采取一些遮挡措施，避免阳光直接照射人体。

● 从高温环境返回室内时，不要马上用冷水浇身来降温，以防生病，应休息一段时间，再洗澡降温。

● 要留意蚊、虫叮咬，避免器械割伤等，因为高温条件下，伤口极易感染。

● 如遇中暑或其他高温诱发的疾病，应立即采取急救措施，并寻求帮助。

● 饮食宜清淡。多喝凉白开水、冷盐水、白菊花水、绿豆汤等防暑饮品。

● 保证睡眠充足。准备一些常用的防暑降温药品，如清凉油、十滴水、仁丹等。

• 如有人中暑，应立即把病人抬至阴凉通风处，并给病人服用生理盐水或“十滴水”等防暑药品。如果病情严重，需送往医院进行专业救治。

• 高温天气容易使人疲劳、烦躁和发怒，应注意调节情绪。

• 老人、体弱者或高血压、心肺疾病患者应减少户外活动；如有胸闷、气短等症状应及时就医。

高温热害农作物防御措施

1. 粮食作物防御高温热害的措施

高温热害是高温对植物生长发育造成的危害，能使粮食的产量大幅下降。高温热害的防御要从改革耕作制度，调整播栽期等大的方面着手。但也要注意采取灌溉、遮阳等改善田间小气候的办法。具体防御措施：

• **以水降温** 夏秋高温季节，适时灌水可以改善田间小气候条件，使气温降低 1～3℃，从而减轻高温对作物的直接损害。

在早稻灌浆期遇到 35℃左右的高温天气时，及时向田间灌水，夜间排出，可避免或减轻“高温逼熟”。

在高温季节对水稻实行早晨灌凉水、白天灌深水、傍晚灌跑马水的办法，降温效果也十分明显，比单灌深水空秕率减少 5.8%～8.1%。

旱作物通过喷灌设施或喷雾器，将清凉水直接喷洒在茎叶上，也具有降温效果，降温幅度一般在 1℃左右。

• **人工辅助授粉** 在高温干旱期间，作物自然散粉和传粉能力下降，对玉米、高粱等异花授粉作物进行人工辅助授粉，可减轻高温对作物授粉过程的影响，使结实率比自然授粉提高5%～8%。

● **根外追肥** 在高温季节，用尿素、人尿、猪牛尿、磷酸二氢钾溶液或过磷酸钙及草木灰浸出液连续多次进行叶面喷肥，既有利于降温增湿，又能够补充作物生长发育必需的水分及营养，但喷洒时必须适当降低喷洒浓度，增加用水量。

2. 蔬菜防御高温热害措施

● 春播高温果菜（如西红柿、椒类）避免播种过迟，并要加强管理，促使枝叶繁茂，以减轻日晒，苗壮也可以提高对高温的抵抗力。

● 种植较耐热的蔬果，如冬瓜、丝瓜、豇豆、通菜（空心菜）等。

● 套种高秆作物利用枝叶遮阴降温，如茄子与甜椒间种，有遮阴降温的效果。

● 适时浇水，因为突然降温会给蔬菜生长造成生理障碍。

● 合理运用肥水，可改善植株营养状况，增强抗御高温热害的能力。

● 遮阳降温栽培。在入夏后，露地蔬菜采用遮阳网（凉爽纱）覆盖栽培，可防止太阳直接辐射灼伤蔬菜，表土温度可比露地栽培降温3～5℃。

● 采用塑料大棚栽培的蔬菜，夏秋季节覆盖遮阳网遮阳，降温效果可达4～6℃，并能防止暴雨、冰雹及蚜虫直接危害蔬菜。

● 施用生长调节剂控制落花。

● 在海拔较高的冷凉山区建设夏季淡季蔬菜补给生产

基地。

3. 果树防御高温热害措施

果树防御高温热害主要是预防果树日灼。主要防御措施有：

- 夏季可以采取果园灌溉及果园保墒措施，增加果树水分供应，满足果树生长发育所需的水分。
- 在果面喷洒波尔多液或石灰水，也可以减少日灼病的发生。
- 在修剪树体的向阳方向时应多留一些枝条，以减轻日灼的危害。

4. 林木防御高温热害措施

防御林木灼伤要注意阴性树种及阳性树种混交搭配种植，营造复层林，以及在造林时选择有利的地形和土壤等。

第十讲

干旱灾害与防御

话题1 干旱及其预警

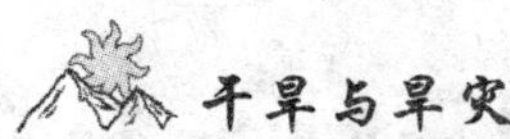

干旱与旱灾

干旱是指长期无雨或雨量显著偏少、空气干燥、土壤墒情下降的天气气候。干旱可造成农作物体内水分亏缺，影响正常生长发育，导致农业减产。

仅从自然的角度来看，干旱和旱灾是两个不同的科学概念。干旱通常指淡水总量少，不足以满足人的生存和经济发展的气候现象。干旱一般是长期的现象，而旱灾却不同，旱灾是偶发性的自然灾害，甚至在通常水量丰富的地区也会因一时的气候异常而导致旱灾。

干旱和旱灾从古至今都是人类面临的主要自然灾害。即使在科学技术如此发达的今天，它们造成的灾难性后果仍然比比皆是。尤其值得注意的是，随着人类经济的发展和人口膨胀，水资源短缺现象日趋严重，这也直接导致了干旱地区的扩大与干旱化程度的加重，干旱化趋势已成为全球关注的问题。

干旱的分类

一般来说，干旱有小旱、中旱、大旱和特大旱之分。

● **小旱**　连续无降雨天数，春季达 16 ~ 30 天、夏季达 16 ~ 25 天、秋冬季达 31 ~ 50 天。

● **中旱**　连续无降雨天数，夏季达 26 ~ 35 天、秋冬季达 51 ~ 70 天。

● **大旱**　连续无降雨天数，春季达 46 ~ 60 天、夏季达 36 ~ 45 天、秋冬季达 71 ~ 90 天。

● **特大旱**　连续无降雨天数，春季在 61 天以上、夏季在 46 天以上、秋冬季在 91 天以上。

干旱的预警

干旱预警信号分二级，分别以橙色、红色表示，如图 10—1 所示。

图 10—1　干旱的预警信号等级标志

1. 干旱预警信号标准

干旱预警信号等级	标　准
干旱橙色预警信号	预计未来一周综合气象干旱指数达到重旱（气象干旱为 25 ~ 50 年一遇），或者某一县（区）有 40% 以上的农作物受旱
干旱红色预警信号	预计未来一周综合气象干旱指数达到特旱（气象干旱为 50 年以上一遇），或者某一县（区）有 60% 以上的农作物受旱

2. 干旱预警信号含义

当气象部门发布干旱预警信号时，意味着政府、有关单位、农业部门、城市和乡村居民等需要做好相应的防御准备工作。

（1）干旱橙色预警防御指南

- 有关部门和单位按照职责做好防御干旱的应急工作。
- 有关部门启用应急备用水源，调度辖区内一切可用水源，优先保障居民生活用水和牲畜饮水。
- 压减城镇供水指标，优先经济作物灌溉用水，限制大量农业灌溉用水。
- 限制非生产性高耗水及服务业用水，限制排放工业污水。
- 气象部门适时进行人工增雨作业。

（2）干旱红色预警防御指南

- 有关部门和单位按照职责做好防御干旱的应急和救灾工作。
- 各级政府和有关部门启动远距离调水等应急供水方案，采取提外水、打深井、车载送水等多种手段，确保城乡居民生活和牲畜饮水。
- 限时或者限量供应城镇居民生活用水，缩小或者阶段性停止农业灌溉供水。
- 严禁非生产性高耗水及服务业用水，暂停排放工业污水。
- 气象部门适时加大人工增雨作业力度。

话题2　干旱的成因及其危害

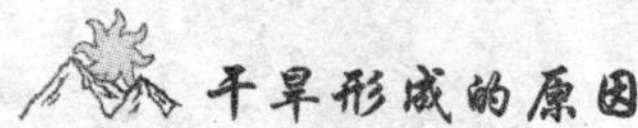

干旱形成的原因

干旱与以下因素有关：

- 与天气气候直接关联；
- 与地理位置和海拔高度有直接关联；
- 与各大水系距离远近有直接关联；
- 与地球地壳板块滑移漂移有直接关联；
- 与地方植被覆盖水平有直接关联；
- 与人类活动有直接关联。人类活动导致干旱发生的原因：一是人口大量增加，导致有限的水资源短缺；二是森林植被被人类破坏，植物的蓄水作用丧失，导致地下水和土壤水减少；三是人类活动造成大量水体污染，使可用水资源减少；四是用水浪费严重，尤其是农业灌溉用水浪费惊人，导致水资源短缺。

干旱的危害

我国是一个人口大国，粮食问题始终是关系国家安全、社会稳定的重大战略问题，与其他自然灾害相比，旱灾是影响我国粮食生产的主要因素，因为旱灾造成的粮食损失占全部自然灾害粮食损失的一半以上。干旱始终困扰着我国经济、社会，特别是农业的发展。

干旱的直接危害是造成农牧业减产、人畜饮水困难，可使农牧民陷于贫困之中。干旱的间接危害是引发其他自然灾害的发生。

据统计，我国受旱面积20世纪50年代为1.7亿多亩，20世纪90年代年均3.64亿亩，因旱损失粮食20世纪50年代年均43.5亿公斤，20世纪90年代为195.7亿公斤。

1. 干旱是危害农牧业生产的第一大灾害

● 气象条件影响作物的分布、生长发育、产量及品质的形成，而水分条件是决定农业发展类型的主要条件。

● 干旱是我国主要畜牧业的气象灾害，主要表现在影响牧草、畜产品生产，加剧草场退化和沙漠化。

2. 干旱促使生态环境进一步恶化

● 气候暖干化造成湖泊、河流水位下降，部分干涸和断流。由于干旱缺水造成地表水源补给不足，只能依靠大量超采地下水来维持居民生活和工农业发展，然而超采地下水又导致了地下水位下降、漏斗区面积扩大、地面沉降、海水入侵等一系列的生态环境问题。

● 干旱导致草场植被退化。我国大部分地区处于干旱或半干旱和亚湿润的生态脆弱地带，有十年九旱的特点。由于气候环境的变迁和不合理的人为干扰活动，导致了植被严重退化，进入21世纪以后，连续几年，干旱有加重的趋势，而且是春夏秋连旱，对脆弱的生态系统非常不利。

● 气候干旱加剧土地荒漠化进程。

3. 气候暖干化引发其他自然灾害发生

冬春季的干旱易引发森林火灾和草原火灾。自2000年以来，由于全球气温的不断升高，导致北方地区气候偏旱，林地地温偏高，草地枯草期长，森林地下火和草原火灾有增长的趋势。

案例 从2009年秋季开始，云南省大部分地区遭遇了百年一遇的严重旱灾。全省16个州市均不同程度受灾。截至2010年3月15日，全省秋冬播农作物和水果、茶叶、蚕桑、橡胶、咖啡五类经济林果因旱受灾面积达4 207.1万亩，成灾2 856.8万亩、绝收1 512.6万亩；秋冬播农作物3 217万亩受灾，占已播种面积的87%，成灾2 472.3万亩、绝收1 439.7万亩；预计全省小春粮食比上年减产50%以上；天然草地、人工草地、农田种草共成灾面积8 706万亩；渔业受灾41.4万亩，水产品受灾损失36 700吨；全省已有780万人、1 753.4万头（匹）大牲畜饮水困难。这次干旱范围之广、历时之长、程度之深、损失之重为云南省历史少有。全省农业直接经济损失已达172.7亿元。

话题3 干旱的防御

防御干旱和水土流失的主要措施

自然界的干旱是否造成灾害，受多种因素影响，对农业生产的危害程度则取决于人为措施。

1. 预防干旱的措施

- 兴修水利，发展农田灌溉事业。
- 改进耕作制度，改变作物构成，选育耐旱品种，充分利用有限的降雨。
- 植树造林，改善区域气候，减少蒸发，降低干旱风的危害。

- 研究应用现代技术和节水措施，例如人工降雨，喷滴灌、地膜覆盖、保墒，以及暂时利用质量较差的水源，包括劣质地下水以至海水等。

2. 防止水土流失的措施

- 多植树，多种草。
- 沙地不种植农作物，用来种草和树防止土地沙化。
- 防止土壤板结。
- 多用农家肥，尽量少用无机肥。
- 以年为单位，隔年种植，有利于保持土壤肥力。
- 少用含磷类的化肥，它们由雨水进入河流会使水富营养化，会造成藻类大量繁殖，破坏生态平衡。

农业防御干旱的具体措施

- 种植耐旱作物，如谷子、豆类、胡麻等。
- 修建水平梯田、条田，可比坡耕地蓄水量增加五成以上。
- 早伏耕，雨后耙耱，以增加土壤储水量。
- 采取滴灌、喷灌、渗灌等节水灌溉措施。
- 根据不同作物的需水临界期，灌关键水。如小麦的需水临界期是孕穗到抽穗期；玉米是“大喇叭口”期到乳熟期；高粱和谷子是孕穗到灌浆期；马铃薯是开花到块茎形成期。
- 用地膜、秸秆或砾石覆盖，可以减少土壤水分消耗。
- 及时中耕除草，增施有机肥。

● 将保水剂掺入土壤，抑制土壤水分蒸发。

● 用黄腐酸等抗旱剂拌种或对叶片喷施，减少水分蒸腾，抗旱增产效果明显。

● 麦收后尽早深耕、翻耕灭茬，及时耙耱，增加土壤蓄水保墒能力。

● 在降水特少、干旱严重的年份，可采取等雨来了再耕的方法，实现耕播一次完成。

● 利用道路、场院、屋面等天然集流场，配套修建蓄水窖。

● 在山、川、塬利用集流槽，实行涝池与泥窖配套。

● 渠、井、窖结合，在机井周围、渠道沿线兴建蓄水窖，既可储备水源，又可扩大灌溉。

● 拦截和蓄存雨水、雾水。

> 拦截和蓄存雨水可采用多种方法，如修建山间小水库、修筑塘坝和沟谷中的小低拦水坝及大水窖、山坡上的蓄水窖、集雨窖等。收集雾水可采用“张网”的方法，这种方法比较适用于雾较多的山区、农村。

● 果园等用杂草、稻草等覆盖地面，减少土壤水分蒸发。

● 关键时期，优先满足经济效益高的作物需水，优先保证开花坐果期果菜类作物的水分供应。

● 年降水量 400 ~ 500 毫米以下的地区，以牧业为主，农林业为辅。

● 改善干旱地区生态环境。因地制宜开展退耕还林、还草及还湖工作，以遏制生态环境恶化，减轻干旱危害。

● 开展人工增雨作业。人工增雨是抗旱减灾的主动性措施，其方法是在有形成降雨条件的云层中播撒催化剂，促使云层早下雨、下大雨。

第十一讲

干热风灾害与防御

什么是干热风

干热风是一种高温、低湿并伴有一定风力的农业灾害性天气，也称为“干旱风”“热干风”，民间称为“火南风”或“火风”。它常在春末夏初少雨、高温天气时出现，这时候正值我国华北、西北及黄淮地区小麦抽穗、扬花、灌浆的时候，植物蒸腾强度急速增大，植株体内水分失调，导致农作物秕粒增多甚至枯死。因此，干热风的出现对小麦的生长发育有很大的危害，同时也危害棉花、玉米、瓜果等作物。

我国的华北、西北和黄淮地区春末夏初期间都有出现。一般分为高温低湿和雨后热枯两种类型，均以高温危害为主。

易发生干热风的主要地区

易发生干热风的主要地区有：

- **华北平原干热风区**　北起长城以南，西至黄土高原，南自秦岭、淮河以北，东至海滨，这一地区也是我国冬麦主要产区。其中冀、鲁、豫危害最重，沿海地区较轻，苏北、皖北一带干热风危害也很频繁。
- **西北干热风区**　主要包括河套平原、河西走廊及新疆盆地，是我国春小麦的主要产区。干热风一般是盆地重于山区，其中尤以吐鲁番盆地为全国干热风最严重的地区，河套地区危害略轻，河西走廊地区干热风有西多东少、北强南弱、低重高轻的特点。各地受干热风危害的程度差异很大。一般低洼盆地、沙漠边缘、谷地、山脉的背风坡等受害较重，而丘陵薄地、沙地、阳坡地危害较轻。同时，随海拔升高，危害程度也逐渐减轻。

干热风对小麦的危害

干热风对小麦的危害期主要在5月的中下旬，也就是小麦灌浆的中期和后期，尤其是对灌浆中期的危害更大。干热风持续的时间越长，强度越大，其危害程度也越深。干热风对小麦的危害主要表现在以下几点：

- 高温或热风使小麦叶片的蒸腾强度大大增强，根系的吸水供不应求，引起植株体内水分失衡，造成代谢活动受阻，叶绿素破坏，叶片萎蔫枯死。
- 在干热风的影响下，小麦根系活力大大降低，影响了小麦对水分和养分的吸收，促进植株早衰。
- 高温使光合作用强度降低，干物质积累提前结束，灌浆期缩短，造成籽粒不饱满，千粒重下降。
- 高温使植株的呼吸作用增强，消耗增加，并抑制单糖转化为淀粉的过程，使积累减少。
- 小麦在灌浆后期遇雨后骤晴高温，往往导致小麦植株迅速枯死。

干热风的防御措施

长期以来，我国劳动人民积累了不少防御干热风的经验，如农谚有“浇好麦黄水”“早谷晚麦，十年九坏”和“小满不满，麦有一险”的说法。防御干热风的方法多种多样，但从防御途径来看，可以归纳为生态措施、农业技术措施和化学措施。

1. 生态防御措施

● **植树造林，加强农田防护林建设**　营造农田防护林有降低温度、增加湿度、削弱风速和减少蒸发蒸腾的作用。由于林网能减弱干热风的强度，缩短干热风的持续时间，减少干热风的出现频率，还可以增加林网间的空气湿度，降低气温，从而减轻干热风的危害。因此林网内小麦受害轻，生理活动正常进行，增产效果明显。

● **实行桐、麦间作**　冬小麦与泡桐间作有降低温度、增加湿度、削弱风速和减少蒸发的作用。因此实行桐麦间作能有效地防御或减轻干热风的危害。

2. 农业防御措施

● 选用抗旱、抗病、抗干热风的优良品种。

● 调整播种期，改时耕作。

● 选用早熟品种以避开或减轻干热风的危害。

● 适时合理灌溉，可以降低气温，提高田间相对湿度。一是浇灌浆水、麦黄水。通过灌溉保持适宜的土壤水分，增加空气湿度，可以达到预防或减轻干热风危害。二是薄地和沙土地应尽量避免在大风和降雨天气、中午烈日下浇灌。三是根据天气预报，在干热风发生前，及时浇水，或通过增加麦田田间小气候的湿度降低地温，从而能有效减轻干热风的危害。

3. 化学防御措施

这种方法是在干热风来临之前，或小麦生育后期向叶面喷施化学制剂，调节小麦新陈代谢的能力，增强株体活力，通过改变小麦植株体内生化过程来抗御干热风。

作为一种农业灾害性天气，干热风也日益受到有关专家和农民朋友的重视。而了解干热风的气象成因，有效地利用现代农业气象科学知识和技术，做到早知晓、早防治，最大限度地降低干热风对农作物的危害程度，才能把播下的希望变成丰收的喜悦，确保农业生产连年丰收。

第十二讲

寒潮灾害与防御

话题1　寒潮及其预警

什么是寒潮

寒潮是北方的冷空气大规模地向南侵袭，造成大范围急剧降温和偏北大风的天气过程，并伴有大风、雨雪、冷冻等灾害发生。寒潮是我国主要气象灾害之一，是冬季的一种灾害性天气，民间习惯把寒潮称为寒流。

寒潮预警信号

寒潮预警信号分四级，分别以蓝色、黄色、橙色、红色表示，如图12—1所示。

图12—1　寒潮预警信号等级标志

1. 寒潮预警信号标准

寒潮预警信号等级	标　准
寒潮蓝色预警信号	48 小时内最低气温将要下降 8℃以上，最低气温小于等于 4℃，陆地平均风力可达 5 级以上；或者已经下降 8℃以上，最低气温小于等于 4℃，平均风力达 5 级以上，并可能持续
寒潮黄色预警信号	24 小时内最低气温将要下降 10℃以上，最低气温小于等于 4℃，陆地平均风力可达 6 级以上；或者已经下降 10℃以上，最低气温小于等于 4℃，平均风力达 6 级以上，并可能持续
寒潮橙色预警信号	24 小时内最低气温将要下降 12℃以上，最低气温小于等于 0℃，陆地平均风力可达 6 级以上；或者已经下降 12℃以上，最低气温小于等于 0℃，平均风力达 6 级以上，并可能持续
寒潮红色预警信号	24 小时内最低气温将要下降 16℃以上，最低气温小于等于 0℃，陆地平均风力可达 6 级以上；或者已经下降 16℃以上，最低气温小于等于 0℃，平均风力达 6 级以上，并可能持续

2. 寒潮预警信号的含义

当气象部门发布寒潮预警信号时，意味着政府、有关单位、农业部门、城市和乡村居民等需要做好相应的防御准备工作。

（1）寒潮蓝色预警防御指南

- 政府及有关部门按照职责做好防寒潮准备工作。
- 注意添衣保暖。
- 对热带作物、水产品采取一定的防护措施。
- 做好防风准备工作。

（2）寒潮黄色预警防御指南

- 政府及有关部门按照职责做好防寒潮工作。
- 注意添衣保暖，照顾好老、弱、病人。
- 对牲畜、家禽和热带、亚热带水果及有关水产品、农作物等采取防寒措施。
- 做好防风工作。

（3）寒潮橙色预警防御指南

- 政府及有关部门按照职责做好防寒潮应急工作。
- 注意防寒保暖。
- 农业、水产业、畜牧业等要积极采取防霜冻、冰冻等防寒措施，尽量减少损失。
- 做好防风工作。

（4）寒潮红色预警防御指南

- 政府及有关部门按照职责做好防寒潮的应急和抢险工作。
- 注意防寒保暖。
- 农业、水产业、畜牧业等要积极采取防霜冻、冰冻等防寒措施，尽量减少损失。
- 做好防风工作。

话题2　寒潮的危害与防御

寒潮的危害

寒潮和强冷空气通常带来大风、降温天气，是我国冬季半年主要的灾害性天气。包括冻害、大风、雪灾等灾害性天气。

- 寒潮冻害——强烈降温，对农作物造成冻害（秋季和春季危害最大）。
- 寒潮大风——吹翻船只，摧毁建筑物，破坏农场，尤其对沿海地区的威胁最大。
- 寒潮雪灾、雨凇——压断电线，折断电线杆。寒潮带来的雨雪和冰冻天气对交通运输危害极大。

案例　1987年11月下旬的一次寒潮过程，使哈尔滨、沈阳、北京、乌鲁木齐等铁路局所管辖的不少车站道岔冻结，铁轨被雪埋，通信信号失灵，列车运行受阻。雨雪过后，道路结冰打滑，交通事故明显上升。

- 寒潮还给人体健康带来很大危害。大风降温天气容易引发感冒、气管炎、冠心病、肺心病、中风、哮喘、心肌梗塞、心绞痛、偏头痛等疾病，有时还会使患者的病情加重。

寒潮的防御

● 当气温发生骤降时，要注意添衣保暖，减少外出，特别是要注意手、脸的保暖。

● 加强老弱病人的防护，特别是心血管病人、哮喘病人等对气温变化敏感的人群尽量不要外出。

● 关好门窗，紧固室外搭建物。

● 提防煤气中毒，尤其是采用煤炉、炉灶取暖的家庭更要提防。

● 处于危旧房屋内的人员要视风、雨雪情况进行撤离。

● 道路如遇有积雪和冰冻，出门当心路滑跌倒，少骑自行车。汽车要采取防滑措施，慢速安全驾驶。

● 设施大棚应及时增加薄膜、草帘等覆盖物，大田作物可通过田间灌溉、熏烟、喷洒防冻液等措施防冻。

● 应关注天气预报发布的寒潮消息或警报。

第十三讲

低温冷冻灾害与防御

话题1 低温冷冻灾害及其分类

什么是低温冷冻灾害

低温冷冻灾害主要是冷空气及寒潮侵入造成的连续多日气温下降，致使农作物损伤及减产的农业气象灾害。当气温异常降低时，往往会造成人及动植物的伤亡和许多物体的变形、断裂等而引发事故，并导致人畜伤亡和经济损失。

案例 2010年4月12日晚，受低温阴雨和强对流天气影响，安徽省六安市裕安区及寿县的3个乡镇发生冰雹灾害，安庆市桐城、潜山5个乡镇发生低温冷冻灾害。灾害造成部分油菜、小麦、香菇、茶叶、稻芽等农作物受灾。据初步统计，受灾人口22.9万人，农作物受灾面积11.93万亩，其中成灾面积6.66万亩，绝收面积0.95万亩，因灾造成直接经济损失3 095万元。

低温冷冻灾害分类

低温冷冻灾害分为冷害和冻害。

1. 冷害

一般冷害分为三大类型：

- **延迟型冷害** 在作物生长期内，特别是在营养生长阶段，温度长期偏低，热量不足，使作物生育进程减慢，生育期明显延迟，作物不能正常成熟。
- **障碍型冷害** 作物在孕穗、抽穗、开花等生长的重要时期，温度短时间明显低于生物学下限指标，使作物生殖器官的生理机能受到破坏，生理功能受阻，导致空、秕粒而减产。
- **混合型冷害** 若延迟型冷害和障碍型冷害同时出现，则称为混合型冷害，会给作物的整个生育过程带来较大损害，给农业造成较大幅度的减产。

2. 冻害

冻害分为作物生长时期的霜冻害和作物休眠时期的寒冻害两种。

- **霜冻害** 霜冻害指春季冬麦返青后或春播作物出苗后，桃、葡萄、苹果等果树萌发或开花后遇到特别推迟的晚霜，和秋季冬麦出苗后或春播或夏播作物未成熟，果树尚未落叶休眠时遇到特别提前的早霜而受害。
- **寒冻害** 橡胶树等热带作物冬季休眠期不明显，当气温降至0℃或0℃以下时，极易受到霜冻害；而冬麦、葡萄、苹果等休眠时，当气温降至零下十几度、二十几度时才受害。

话题2　低温冷冻灾害的防御

低温冷冻灾害对农牧业的危害

低温冷冻灾害使作物生长期、果树萌芽至果实发育成熟期，因温度偏低而影响作物和果树的正常发育，使其生长过程发生障碍，从而导致减产或籽实质量降低。

在牧业区牲畜过冬和接羔、育幼期内，低温冷害会造成成畜死亡和幼畜成活率降低。在牧草生长期内，低温冷害会影响牧草的返青和生长发育，导致减产。

低温冷冻灾害的防御措施

防御低温冷害，可以采取避、选、管、防、补的方法。

1. 避

根据当地气候条件，确定适合的作物品种和播栽期，以便在低温敏感期避开有害低温。

在我国亚热带柑橘栽培的北缘地区，充分利用山体或水体有利的小气候资源环境栽培柑橘，可以有效地避过或减轻寒潮冻害。

2. 选

- 根据当地温度条件，选用抗寒品种，并确定不同作物种植的北界和海拔上限。
- 根据冷害预报调整作物布局和品种比例。

例如：中国南方稻区根据春秋温度条件调整双季稻种植面积和早晚熟品种的搭配，北方根据生长季节的热量条件调整水稻、玉米、大豆、高粱等大秋作物的种植比例，冷害年扩大耐寒作物和早熟品种植面积等。

3. 管

加强冬前栽培管理，适时播种越冬作物，选择适宜的播种深度；在北界附近实施沟播，适时浇灌防冻水；对果树，要在夏季适时摘心，秋季控制灌水、冬前修剪。

4. 防

防御冻害除上述的战略措施外，还可以在冬季低温来临前和降温期间采用多种防寒抗冻措施。目前应用的防冻措施有以下三种：

- **露天增温法** 利用一切条件提高近地面层温度，如布设烟堆、安装鼓风机等，打乱逆温层，对近地层有显著的增温效果，其中熏烟一般能提高近地层温度1～2℃。
- **覆盖法** 利用覆盖物保护植物体的地上部位或地下怕冻部位，减少地面长波辐射，防御寒风侵袭，从而起到防寒作用。如给葡萄埋土，给果树主干包草，给柑橘苗覆盖草帘，给经济作物覆盖塑料薄膜等，也有良好的防冻效果。

专家提示：防风障（围篱）对防御冻害有较好的效果，可以根据实际情况设计不同类型和不同倾角的风障。

● **喷化学药剂** 主要用于果树防冻。喷化学药剂防御冻害是利用生长激素控制果树生长规律，增强抗冻能力。但用化学方法防御冻害只是一种应急措施，必须随时掌握短期的寒潮降温预报，以便采取相应的措施。

5. 补

● 在寒潮发生后，可以针对不同作物采取一些简单的防寒补救措施。如撬泥培土护根，压草保苗等。

● 对早播出苗的春马铃薯、春大豆，可以及时搭好小拱棚防寒。

● 各类作物受冻后，要根据冻害程度和苗情，及时补种或追施适量速效氮肥和钾肥，以便促进植株尽快恢复生长。冻害严重的田块，趁墒翻犁，复种春玉米或豆类；受冻较轻的田块，立即喷施叶面肥 2～3 次，间隔期 7 天左右，补充营养，以减轻冻害影响。

第十四讲

霜冻灾害与防御

话题1　霜冻及其预警

霜冻及其分类

霜冻是指在生长季节里，夜晚土壤表面温度或植物冠层附近的气温短时间内下降到0℃以下，植物表面的温度迅速下降，植物体内水分发生冻结，代谢过程遭受破坏，细胞被冰块挤压而造成危害。

> 发生霜冻时，植物是因为低温受到危害，而不仅是因为霜对植物造成危害。如果空气相对湿度低，就不一定能见到“白霜”，霜冻同样会发生，通常人们也把见不到“白霜”的霜冻称为“黑霜”。

根据霜冻发生的季节，可分为早霜冻和晚霜冻两种。

- **早霜冻**　早霜冻发生在由温暖季节向寒冷季节的过渡时期。在北方，常常发生在秋季，所以也叫秋霜冻，对尚未成熟的秋收作物和未收获的露地蔬菜危害较大。秋季出现的第一次霜冻称为初霜冻，初霜冻越早对作物的危害越大。
- **晚霜冻**　晚霜冻发生在由寒冷季节向温暖季节过渡的时期。在北方常发生在春季，所以又叫做春霜冻，危害春播作物的幼苗、越冬后返青的小麦及处于发芽期和花期的果树。春季最后一次出现的霜冻称为终霜冻，终霜冻发生得越晚，植物的抗寒性就越弱，霜冻危害也就越大。

 霜冻预警信号

霜冻预警信号分为三级，分别以蓝色、黄色、橙色表示，如图 14—1 所示。

图 14—1　霜冻预警信号等级标志

1. 霜冻预警信号标准

霜冻预警信号等级	标　准
霜冻蓝色预警信号	48 小时内地面最低温度将要下降到 0℃以下，对农业将产生影响，或者已经降到 0℃以下，对农业已经产生影响，并可能持续
霜冻黄色预警信号	24 小时内地面最低温度将要下降到零下 3℃以下，对农业将产生严重影响，或者已经降到零下 3℃以下，对农业已经产生严重影响，并可能持续
霜冻橙色预警信号	24 小时内地面最低温度将要下降到零下 5℃以下，对农业将产生严重影响，或者已经降到零下 5℃以下，对农业已经产生严重影响，并将持续

2. 霜冻预警信号的含义

当气象部门发布霜冻预警信号时，意味着政府、有关单位、农业部门、城市和乡村居民等需要做好相应的防御准备工作。

（1）霜冻蓝色预警防御指南

● 政府及农林主管部门按照职责做好防霜冻准备工作。

● 对农作物、蔬菜、花卉、瓜果、林业育种要采取一定的防护措施。

● 农村基层组织和农户要关注当地霜冻预警信息，以便采取措施加强防护。

（2）霜冻黄色预警防御指南

● 政府及农林主管部门按照职责做好防霜冻应急工作。

● 农村基层组织要广泛发动群众，防灾抗灾。

● 对农作物、林业育种要积极采取田间灌溉等防霜冻、冰冻措施，尽量减少损失。

● 对蔬菜、花卉、瓜果要采取覆盖、喷洒防冻液等措施，减轻冻害。

（3）霜冻橙色预警防御指南

● 政府及农林主管部门按照职责做好防霜冻应急工作。

● 农村基层组织要广泛发动群众，防灾抗灾。

● 对农作物、蔬菜、花卉、瓜果、林业育种要采取积极的应对措施，尽量减少损失。

话题 2　霜冻的危害与防御

霜冻的危害

霜冻的危害是十分明显的。对正处在生长活动期的作物偶尔出现的霜冻会直接造成生长作物冻死或冻伤，致使产量下降，使到手的果实毁掉，尤其是对大棚种植的作物，这种灾害造成的损失更为严重，有的农户贷款投资数十万元，结果损失极为惨重，这是因为：

• 大棚内的作物在霜冻期内生长很旺盛，作物自身含水量较多，使得冻伤结果严重。

• 由于霜冻多发生在作物接近产量低峰期或者是需水低峰期，因节约地面灌水费用，而使土壤含水量不足，造成地面容积热量减少，而使作物对骤然出现的较大气温变化的缓冲作用减弱。

• 由于大多数大棚建在川道或低洼处，空气对流不及高处或裸地通畅，因而对于形成霜冻的大气逆温层的消解作用相对较弱，“低温”积淀相对稳定，使其经受的冻期也相对较长，这就是大棚对经受霜冻的危害重于其余裸地的主要原因。但无论是裸地还是大棚，一旦有霜冻出现都会造成程度不同的灾害。

案例 2010年5月18日清晨，受较强冷空气影响，宁夏回族自治区固原市境内气温突降，致使大部分农作物遭受霜冻，部分农作物成灾。原州区、西吉县受灾较为严重，隆德、彭阳、泾源也遭受不同程度的损害。据有关部门初步统计，当日，原州区最低气温0.3℃，地面最低气温-1.5℃，造成部分农作物受冻，冻害面积14.31万亩，其中玉米9.48万亩，胡麻2.88万亩，葵花0.45万亩，露地蔬菜1.5万亩。彭堡、头营、三营、官厅、寨科、炭山等乡镇遭受冻害较重。西吉县当日温度低至-1.2℃~-3.0℃，全县农作物受灾面积33.71万亩，严重受灾面积5.8万亩。其中，地膜玉米11.7万亩，胡麻19.18万亩，其他农作物受灾2.83万亩。

霜冻的防御措施

防御霜冻的有效措施主要有“避、抗、防”三种方法。

1. 避

掌握当地低温霜冻发生的规律，使作物（生物）关键生育期避过霜冻盛发期，以避免或减轻低温霜冻危害。

- 制订合理的种植方案和作物布局，确定适应当地冬季农业生产的种养业比例。
- 尽可能把冬季农业生产项目安排在适合种植和发展的地区，并注意选择小气候有利的地形和地区。
- 从水平气候带来说，要根据本地区的气候带类型（如热带、南亚热带、中亚热带等）来搭配适应气候带的种养项目和品种。
- 对垂直气候带来说，随着海拔增高，气温一般呈递减变化，故在一定海拔高度上要安排比平地更耐寒的品种。
- 对地形小气候特征来说，喜温作物（生物）要选择背风向阳的平地或山坡地的南坡种植。切忌在容易发生霜冻的低洼地和背阳向风的北坡或风害较重的山顶种植喜温的作物和品种。

2. 抗

培育抗寒力较强的作物（生物）品种。栽培技术也要着眼于提高作物（生物）的抗寒能力。

3. 防

（1）喷水法

- 在霜冻发生前，用喷雾器对植株表面喷水，可使其体温下降缓慢，而且可以增加大气中水蒸气含量，使水汽凝结散热，以缓和霜害。明显的霜冻天，可多次喷水。

- 在收到霜冻预警信号时，于凌晨两三点钟在作物或塑料薄膜上喷水 2～3 次，隔 1 小时喷 1 次。由于凌晨田间空气和植株间的湿度大、水分多，水汽凝结成露滴时会散发出凝结潜热，同时水温比气温高（初霜时期气温 0℃时水温约 15℃），水在作物上遇冷凝结会释放热量，故采用喷水法防御，一般不会有霜冻形成。

（2）灌水湿地法

- 潮湿的土壤热容量大，导热率也大，表层冷却慢，所以在霜冻发生前，浇湿作物地面，可减轻霜冻强度，此方法一般与喷水法同时采用。

- 可在预计有霜冻出现的前 1 天傍晚灌水。因为水的热容量大，导热性好。灌水不仅可以增加土壤水分，还可增大近地面层的空气湿度，它可减缓夜晚地面长波辐射的散热程度，因而起到保护地面热量，可提高地层气温 2℃左右。

> **专家提示**：湿土比干土的热容量和导热系数大，白天吸收太阳光能可以储藏较多热量，并储存到深层土壤中，到夜晚地表辐射散热时又可从深层释放热量传至地表面，从而可延缓地表附近温度的降低。

（3）熏烟法

- 在霜冻来临前 1 小时点燃能产生大量烟雾的物质，一方面烟雾本身有一定热量，另一方面在作物近地层形成烟雾，使大气逆辐射加大，因而一般能使近地面空气温度提高 1～2℃。

专家提示：但此法会污染大气，仅适用于短时霜冻并在有价值的作物田间使用。

- 霜冻之夜，在田间熏烟可有效地减轻和避免霜冻灾害。

专家提示：必须注意两点：一是烟火点应适当密些，使烟幕能基本覆盖全园；二是点燃时间要适当，应在上风方向，午夜至凌晨2～3点钟点燃，直至日出前仍有烟幕笼罩在地面，这样效果最好。

(4) 遮盖法

- 用稻草、杂草、尼龙薄膜等覆盖作物或地面，既可防止外面冷空气的袭击，又能减少地面热量向外散失，一般能提高温度1～3℃。
- 用草帘、薄膜将作物覆盖。此方法适用较小面积。

(5) 施肥法 在霜冻来临前3～4天，在作物田间施上厩肥、堆肥和草木灰等，既能提高土温，又能增加土壤团粒结构，提高地力。

(6) 风障法 在霜冻来临前，于作物田间向北面设置防风障，阻挡寒风侵袭，使农作物减、免受低温霜冻的危害。

(7) 洗霜法 当作物万一遭霜冻时，可在太阳出来以前浇水或喷清水洗霜，以减轻作物霜冻危害。

第十五讲

冻雨（雨凇）灾害与防御

 什么是冻雨（雨凇）

冻雨是由过冷水滴组成，是低于0℃的雨滴在温度略低于0℃的空气中能够保持过冷状态，其外观同一般雨滴相同，这就是冻雨。当它落到温度为0℃以下的物体上时，立刻冻结成外表光滑而透明的冰层，称为雨凇。冬春季我们经常可以看到电线、树枝上被一层晶莹的冰雪包裹或悬挂，这就是雨凇。有人将雨凇等同于冻雨，其实虽然雨凇和冻雨形成的物理机制和结果确实是相同的，但仍有一定区别。冻雨是一种天气现象，而雨凇是冻雨的结果，是一种灾害或景观。

冻雨多发生在冬季和早春时期。我国出现冻雨较多的地区是贵州省，其次是湖南省、江西省、湖北省、河南省、安徽省、江苏省及山东省、河北省、陕西省、甘肃省、辽宁省南部等地，其中山区比平原多，高山最多。

案例一 2008年1月，湖南省遭遇冻雨，导致路面结冰，我国南北大动脉京珠高速湖南段出现交通堵塞。湖南郴州市电缆、电塔等大部分压断、倒塌，导致郴州市停水停电8天。此次灾害导致贵州黔东南大部分农村停电长达20天以上，直至农历

2009 年正月初一才恢复用电。居民生产生活严重受损，当地人都说这是五十年难得一遇的灾害。

案例二 2010 年 2 月 24 日至 25 日凌晨，辽宁省大部分地区降冻雨，是当地自 1999 年来最严重的一次。此次冻雨造成沈阳至北京间旅客列车 3 列停运、107 列晚点，同时冻雨天气造成沈阳北部地区部分供电中断，致使无法供水。

冻雨的危害

在多数情况下，冻雨是一种灾害性的天气现象。严重的冻雨厚度可达几厘米，能压断树木、电线和电杆，造成供电和通信中断，妨碍公路和铁路交通，威胁飞机飞行安全。

- 冻雨可对通讯和输电线路造成危害。电线结冰后，遇冷收缩，加上冻雨重量的影响，就会绷断。有时，成排的电线杆被拉倒，使电讯和输电中断。
- 严重的冻雨会把房子压塌。
- 冻雨对交通运输造成影响。飞机在有过冷水滴的云层中飞行时，机翼、螺旋桨会积水，影响飞机空气动力性能造成失事；公路交通因地面结冰而受阻，交通事故也因此增多。
- 冻雨使大田结冰，会冻断返青的冬麦，或冻死早春播种的作物幼苗。
- 冻雨还会大面积破坏幼林、冻伤果树等。
- 雨凇造成灾害的可能性与程度都大大超过雾凇，在高纬度地区，雨凇是常出现的灾害性天气现象。

冻雨的防御措施

消除冻雨灾害的方法有以下几种：

- 在冻雨出现时，采取人工落冰的措施，发动输电线沿线居民不断把电线上的雨凇敲刮干净；并对树木、电网采取支撑措施。
- 在飞机上安装除冰设备或绕开冻雨区域飞行。
- 对于公路上的积冰，及时撒盐融冰，并组织人力清扫路面。如果发生事故，应当在事发现场设置明显标志。
- 在冻雨天气里，人们应尽量减少外出，如果外出，要采取防寒保暖和防滑措施，行人要注意远离或避让机动车和非机动车辆。司机朋友在冻雨天气里要减速慢行，不要超车、加速、急转弯或者紧急制动，应及时安装轮胎防滑链。

第十六讲

雪灾与防御

话题1　雪灾及其预警

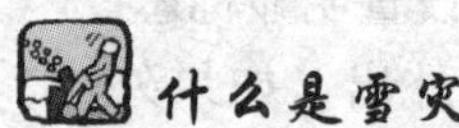

什么是雪灾

在寒潮过程中，最突出的天气是降雪（雨）、大风和剧烈降温。冬季适量的积雪覆盖对于农作物越冬、增加土壤水分、冻死害虫卵、减轻大气污染等是有益的，但寒潮带来过多的降雪，甚至连续数天或十多天的暴风雪，就会造成雪灾。

- 雪灾主要发生在稳定积雪地区和不稳定积雪山区，偶尔出现在瞬时积雪地区。
- 我国牧区的雪灾主要发生在内蒙古草原、西北和青藏高原的部分地区。

牧区雪灾的规律

根据调查材料分析，我国草原牧区大雪灾大致有十年一遇的规律。至于一般性的雪灾，其出现次数就更为频繁了。据统计，西藏牧区大致2~3年一次，青海牧区也大致如此。新疆牧区因各地气候、地理差异较大，雪灾出现频率差别也大，阿尔泰山区、准噶尔西部山区、北疆沿天山一带和南疆西部山区的冬牧场和春秋牧场，雪灾频率达

50% ~70%，即在 10 年内有 5 ~7 年出现雪灾。其他地区在 30% 以下。雪灾高发区，也往往是雪灾严重区，如阿勒泰和富蕴两地区，雪灾频率高达 70%，重雪灾频率高达 50%。雪灾频率低的地区往往是雪灾较轻的地区，如温泉地区雪灾出现频率仅为 5%，且属轻度雪灾。但不管哪个牧区大雪灾都很少有连年发生的现象。

 暴雪的预警

暴雪预警信号分为四级，分别以蓝色、黄色、橙色、红色表示，如图 16—1 所示。

图 16—1　暴雪预警信号等级标志

1. 暴雪预警信号标准

暴雪预警信号等级	标　准
暴雪蓝色预警信号	12 小时内降雪量将达 4 毫米以上，或者已达 4 毫米以上且降雪持续，可能对交通或者农牧业有影响
暴雪黄色预警信号	12 小时内降雪量将达 6 毫米以上，或者已达 6 毫米以上且降雪持续，可能对交通或者农牧业有影响
暴雪橙色预警信号	6 小时内降雪量将达 10 毫米以上，或者已达 10 毫米以上且降雪持续，可能或者已经对交通或者农牧业有较大影响

续表

暴雪预警信号等级	标　准
暴雪红色预警信号	6 小时内降雪量将达 15 毫米以上，或者已达 15 毫米以上且降雪持续，可能或者已经对交通或者农牧业有较大影响

2. 暴雪预警信号的含义

当气象部门发布暴雪预警信号时，意味着政府、有关单位、农业部门、城市和乡村居民等需要做好相应的防御准备工作。

（1）暴雪蓝色预警防御指南

- 政府及有关部门按照职责做好防雪灾和防冻害准备工作。
- 交通、铁路、电力、通信等部门应当进行道路、铁路、线路巡查维护，做好道路清扫和积雪融化工作。
- 行人注意防寒防滑，驾驶人员小心驾驶，车辆应当采取防滑措施。
- 农牧区和种养殖业要储备饲料，做好防雪灾和防冻害准备。
- 加固棚架等易被雪压的临时搭建物。

（2）暴雪黄色预警防御指南

- 政府及相关部门按照职责落实防雪灾和防冻害措施。
- 交通、铁路、电力、通信等部门应当加强公路、铁路、线路巡查维护，做好道路清扫和积雪融化工作。
- 行人注意防寒防滑，驾驶人员小心驾驶，车辆应当采取防滑措施。
- 农牧区和种养殖业要备足饲料，做好防雪灾和防冻害准备。

• 加固棚架等易被雪压的临时搭建物。

（3）暴雪橙色预警防御指南

• 政府及相关部门按照职责做好防雪灾和防冻害的应急工作。

• 交通、铁路、电力、通信等部门应当加强道路、铁路、线路巡查维护，做好道路清扫和积雪融化工作。

• 减少不必要的户外活动。

• 加固棚架等易被雪压的临时搭建物，将户外牲畜赶入棚圈喂养。

（4）暴雪红色预警防御指南

• 政府及相关部门按照职责做好防雪灾和防冻害的应急和抢险工作。

• 必要时停课、停业（除特殊行业外）。

• 必要时飞机暂停起降，火车暂停运行，高速公路暂时封闭。

• 做好牧区等救灾救济工作。

话题2　雪灾的危害与防御

雪灾的危害

• 在牧区，由于寒潮暴风雪而酿成“白灾”，牧草被雪深埋，牲畜吃不上鲜草，干草供应不上，造成冻饿或染病而大量死亡，因此，雪灾对畜牧业危害很大。

• 雪灾同时还严重影响甚至破坏交通、通信、输电线路等生命线工程，对牧民的生命安全和生活造成威胁。

案例 截至2010年1月27日12时，雪灾造成新疆维吾尔自治区154万人（次）受灾，20人死亡，紧急转移安置16.9万人，因灾伤病1 300余人，倒塌房屋7 100余间，损坏房屋3.1万余间，受损棚圈及蔬菜大棚近1.2万座（间），死亡大小牲畜10.1万头（只），有371万头（只）牲畜觅食困难。因灾直接经济损失近6.5亿元。

农业生产雪灾防御措施

- 要及早采取有效防冻措施，抵御强低温对越冬作物的侵袭，特别是要防止持续低温对旺苗、弱苗的危害。
- 加强对大棚蔬菜和越冬蔬菜的管理，防止连阴雨雪、低温天气的危害，雪后应及时清除大棚上的积雪，既减轻塑料薄膜压力，又有利于增温透光。同时加强各类冬季蔬菜、瓜果的储存管理。
- 要趁雨雪间隙及时做好“三沟”的清理工作，降湿排涝，以防连阴雨雪天气造成田间长期积水，影响作物根系生长发育。同时要加强田间管理，中耕松土，铲除杂草，提高作物抗寒能力。做好病虫害的防治工作。
- 及时给作物盖土，提高御寒能力，若能用猪牛粪等有机肥覆盖，保苗越冬效果更好。
- 要做好大棚的防风加固，并注意棚内的保温、增温，减少蔬菜病害的发生，保障春节蔬菜的正常供应。

北方地区农牧业雪灾防御措施

雪灾对北方地区农牧业影响较大。暴风雪即将来临时应对温室、大棚和畜舍等农业设施进行加固。防止被暴雪压垮或被大风吹倒。

- **建立草料库**　这是抗御雪灾的主要战略措施。在入冬前要备足草料，在条件好的地区，可以扩大草场面积和建立人工饲料基地，种植饲料作物和优良牧草，为草料库提供充足的草料，以解决雪灾期的饲料问题。

- **加强棚圈建设**　在雪灾发生后实行牲畜圈养，避免风雪直接危害。若在放牧转场途中，则要利用避风向阳、干燥的地形，垒筑防风墙、防雪墙，尽可能做到避寒防冻，以减轻暴风雪的危害。

- **机械破雪和除雪**　当雪灾强度不大时，可用机械或马群破雪，即在被雪覆盖的草场上，先放马群，再放牛群，最后放羊，也可收到较好的抗灾效果。

- **加强预警**　有关部门应严密监视可能引发暴风雪的天气形势，提前预报暴风雪的强度和影响范围，并发布相关预警信号，提醒各界提前防御。

人员应对雪灾措施

- 关注气象部门关于暴雪的最新预报、预警信息。
- 关好门窗，紧固室外搭建物。
- 居民要注意添衣保暖，尤其是要做好老弱病人的防寒工作。
- 暴雪来临前要减少外出活动，特别是尽可能减少车辆外出，并躲避到安全地方。
- 必须外出时采取保暖措施，不穿硬底或光滑底的鞋，避免摔伤。
- 如果在室外，要远离广告牌、临时搭建物和老树，避免砸伤。

• 做好防寒保暖准备，储备足够的食物和水。

• 不要待在不结实不安全的建筑物内。处在危旧房屋内的人员要迅速撤出，尤其是遇到暴风雪时。大跨度的厂房等要进行加固。

• 及时清扫道路积雪、清除林木积雪，在确保安全的情况下清除房顶积雪。

• 农牧区要备好粮草，将野外牲畜赶入棚圈里喂养，做好牲畜的防寒防风工作。

• 提防煤气中毒，尤其是采用煤炉、炉灶取暖的居民。

• 如被暴风雪围困，尽快拨打求救电话。

• 非机动车应给轮胎少量放气，以增加轮胎与路面的摩擦力。

• 驾驶汽车时要慢速行驶并与前车保持距离。车辆拐弯前要提前减速，避免急踩刹车。有条件要安装防滑链，佩戴色镜。

• 如果发生断电事故，要及时报告电力部门迅速处理。

第十七讲

大风灾害与防御

话题 1　大风及其预警

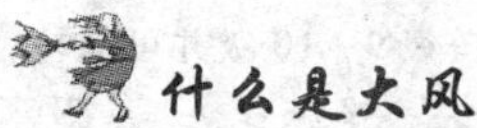

什么是大风

大风一般指寒潮大风，是由寒潮天气引起的大风天气。寒潮大风主要是偏北大风，风力通常为 5 ~6 级，当冷空气强盛或地面低压强烈发展时，风力可达 7 ~8 级，瞬时风力会更大。

大风造成的灾害主要取决于风力和大风持续的时间。

大风的预警信号

大风（除台风外）预警信号分为四级，分别以蓝色、黄色、橙色、红色表示，如图 17—1 所示。

图 17—1　大风预警信号等级标志

1. 大风预警信号标准

大风预警信号等级	标　准
大风蓝色预警信号	24 小时内可能受大风影响，平均风力可达 6 级以上，或者阵风 7 级以上；或者已经受大风影响，平均风力为 6～7 级，或者阵风 7～8 级并可能持续
大风黄色预警信号	12 小时内可能受大风影响，平均风力可达 8 级以上，或者阵风 9 级以上；或者已经受大风影响，平均风力为 8～9 级，或者阵风 9～10 级并可能持续
大风橙色预警信号	6 小时内可能受大风影响，平均风力可达 10 级以上，或者阵风 11 级以上；或者已经受大风影响，平均风力为 10～11 级，或者阵风 11～12 级并可能持续
大风红色预警信号	6 小时内可能受大风影响，平均风力可达 12 级以上，或者阵风 13 级以上；或者已经受大风影响，平均风力为 12 级以上，或者阵风 13 级以上并可能持续

2. 大风预警信号的含义

当气象部门发布大风预警信号时，意味着政府、有关单位、农业部门、城市和乡村居民等需要做好相应的防御准备工作。

(1) 大风蓝色预警防御指南

- 政府及相关部门按照职责做好防御大风工作。
- 关好门窗，加固围板、棚架、广告牌等易被风吹动的搭建物，妥善安置易受大风影响的室外物品，遮盖建筑物资。

● 相关水域水上作业和过往船舶要采取积极的应对措施，如回港避风或者绕道航行等。

● 行人注意尽量少骑自行车，刮风时不要在广告牌、临时搭建物等下面逗留。

● 有关部门和单位注意森林、草原等防火。

（2）大风黄色预警防御指南

● 政府及相关部门按照职责做好防御大风工作。

● 停止露天活动和高空等户外危险作业，危险地带人员和危房居民尽量转到避风场所避风。

● 相关水域水上作业和过往船舶要采取积极的应对措施，加固港口设施，防止船舶走锚、搁浅和碰撞。

● 切断户外危险电源，妥善安置易受大风影响的室外物品，遮盖建筑物资。

● 机场、高速公路等单位应当采取保障交通安全的措施，有关部门和单位注意森林、草原等防火。

（3）大风橙色预警防御指南

● 政府及相关部门按照职责做好防御大风应急工作。

● 房屋抗风能力较弱的中小学校和单位应当停课、停业，人员应减少外出。

● 相关水域水上作业和过往船舶应当回港避风，加固港口设施，防止船舶走锚、搁浅和碰撞。

● 切断危险电源，妥善安置易受大风影响的室外物品，遮盖建筑物资。

● 机场、铁路、高速公路、水上交通等单位应当采取保障交通安全的措施，有关部门和单位应注意森林、草原等防火。

(4) 大风红色预警防御指南

• 政府及相关部门按照职责做好防御大风应急和抢险工作。

• 人员应当尽可能停留在防风安全的地方，不要随意外出。

• 回港避风的船舶要视情况采取积极措施，妥善安排人员留守或者转移到安全地带。

• 切断危险电源，妥善安置易受大风影响的室外物品，遮盖建筑物资。

• 机场、铁路、高速公路、水上交通等单位应当采取保障交通安全的措施，有关部门和单位应注意森林、草原等防火。

话题2 大风的危害与防御

大风的危害

大风所造成的危害是多方面的，对工业、交通、农林、畜牧业和军事活动都有影响，特别对农业生产危害最大。大风的危害有以下几个方面：

1. 对建筑物的危害

• 大风对房屋造成危害的主要原因是风压。由于自然风是阵性的，在风的作用下，房屋会出现周期性振动，最终可导致倒塌。

• 狭管效应也是不可忽视的。狭管效应出现在两山间的风口处。由于风口处风力比其他地方大得多，建筑物承受风压大，很易遭受损失。

• 农村一些新建筑由于在房顶山墙上没开气窗或开得很小，常导致房瓦被大风揭掉，这是因瓦背和瓦面两侧气流速度不同出现的负压造成的。

2. 对农业的危害

• 大风使作物叶片遭受机械擦伤，使作物倒伏、树木断折、落花落果而影响产量。

• 地方性风，如海上吹来的含盐分较多的海潮风、高温低湿的焚风和干热风，都严重影响果树开花、坐果和谷类作物的灌浆。

• 大风还造成土壤风蚀、沙丘移动，而毁坏农田。

• 在干旱地区盲目垦荒，风将导致土地沙漠化。

• 牧区的大风和暴风雪可吹散畜群，加重冻害。

案例 1995 年 11 月 7—8 日，受西伯利亚南下较强冷空气的影响，华北南部、山东半岛及长江下游地区出现了 5~6 级、阵风达 8~10 级的偏北大风天气。山东省泰安、济宁、青岛、枣庄、临沂、潍坊、日照、德州和聊城等 9 个地（市）的 40 多个县（市）共计死亡 35 人，失踪 121 人，受伤 320 人。青岛、日照两市有 19 条渔船未归；有 8 万个蔬菜大棚和 600 多个冬暖式养鸡大棚被大风刮坏，38 万只鸡被冻死；19 万间民房受损，3 700 间房屋倒塌或烧毁，倒折树木 4.4 万株；2 100 多条渔船受损；直接经济损失 10 亿元以上。

江苏省太湖有 10 多条船沉没，32 人落水，1 人死亡。苏州市长江水域 24 条船沉没，7 人失踪。上海市吴淞口一带长江水域有 24 艘船只搁浅抛锚，造成 1 人死亡、1 人失踪。

安徽省大风造成11人死亡，94人受伤；毁坏蔬菜大棚1 300公顷，损失粮食80.7万公斤、棉花1.5万公斤；倒塌房屋1万余间，损坏房屋21.4万间；掀翻船只140只；倒断树木9.9万株，倒断供电、通信杆4 000根；直接经济损失达1.06亿元。

风灾的防御

在冬春季节，寒潮大风天气常常对农作物和人们生产生活造成较大的影响和灾害。大风灾害的防御，主要应做到以下几点：

1. 主动防御

- **新建住宅防御** 农村新建住宅选址要注意，避开风口；保护好周围的林木，以利用其削减风力；要加强砌件的黏合力及梁柱等主要构件牢度，并注意把气窗适当开大些，在建好的房屋周围，还要多栽速生林木，以尽快形成保护屏障。

- **种植防御** 选择抗风树种，培育矮化、抗倒伏、耐摩擦的抗风品种，营造防风林，设置风障等。

在种植设计时，风口、风道处选择抗风性强的树种，如垂柳、乌桕等，选择根深、矮干、枝叶稀疏坚韧的树木品种。不要选择生长迅速而枝叶茂密及一些易受虫害的树种。

- **注意苗木质量及栽植技术** 苗木移栽，特别是移栽大树时，如果根盘起得小，则因树身大，易遭风害。所以大树移栽时一定要立支柱，以免树身被吹歪。在多风地区栽植，坑应适当大些，如果小坑栽植，树会因根系不舒展，发育不好，重心不稳，易受风害。对于遭受大风危害的树应及时顺势扶正、培土、修去部分枝条，并立支柱。对裂枝要捆紧基部创面，促进其愈合，并加强肥水管理，促进树势的恢复。

2. 根据气象部门的预报，积极采取措施

- 及时对日光温室、拱棚等农业设施进行巡查，并进行必要的加固修复，防止大风吹垮倒塌。
- 认真做好棚体加固、压紧棚膜、保温防冻等防御工作。给蔬菜大棚覆盖双层膜及草帘，大棚内可添加小拱棚，提高棚室温度，防止冻害。防御冻害的方法可参看前面章节。
- 加强圈舍加固、畜禽免疫等工作，做好幼仔畜的保暖，提高畜禽抗寒抗病能力，确保畜禽安全。
- 北方牧区需做好牲畜转场、饲草料储备、牲畜防寒保暖等工作。
- 相关水域水上作业和过往船舶采取积极的应对措施，加固港口设施，防止船舶走锚、搁浅和碰撞。

居民预防风灾应急要点

1. 预防

- 留意天气预报，做好防风准备。
- 密切关注火灾隐患，以免发生火灾时火借风势，造成重大损失。
- 老人和小孩切勿在大风天气外出。

2. 应急

- 大风天气，不要在高大建筑物、广告牌、不结实的房屋、临时搭建物或大树的下方停留、避风。
- 及时加固门窗、围挡、棚架等易被风吹动的搭建物，妥善安置易受大风损坏的室外物品，加固危房。
- 在房间里关好窗户。
- 尽量减少外出。必须外出时应少骑自行车。
- 开车时，应立即把汽车停在低洼的地方，人离开汽车，千万不要开车躲避。
- 在水面作业或游泳的人员，应立刻上岸避风。船舶要听从指挥，放下船帆，回港避风。

第十八讲

冰雹灾害与防御

话题1　冰雹及其预警

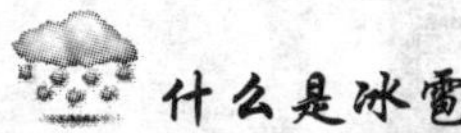

什么是冰雹

冰雹也叫“雹”，俗称雹子，有的地区叫“冷子”，夏季或春夏之交最为常见。它是一些小如绿豆、黄豆，大似栗子、鸡蛋的冰粒。冰雹常与雷暴大风结伴而行，因此，风、雹灾害互为一体。其主要特点是突发性强。由于雷暴大风的移动速度快，往往云到风雹到，顷刻之间狂风大作，冰雹倾砸，大雨滂沱，来势凶猛。危害时间短，一般持续时间仅几分钟，很少超过半小时，危害范围小。

冰雹的特征

冰雹有以下几个特征：

• 局地性强，每次冰雹的影响范围一般宽约几十米到数公里，长约数百米到十多公里。

• 历时短，一次狂风暴雨或降雹时间一般只有 2 ~ 10 分钟，少数在 30 分钟以上。

• 受地形影响显著，地形越复杂，冰雹越易发生。

• 在同一地区，有的年份连续发生多次，有的年份发生次数很少，甚至不发生。

- 发生区域广，从亚热带到温带的广大气候区内均可发生，但以温带地区发生次数居多。

冰雹预警信号

冰雹气象预警共分为二级，分别以橙色、红色表示，如图 18—1 所示。

图 18—1　冰雹预警信号等级标志

1. 冰雹预警信号标准

冰雹预警信号等级	标　准
冰雹橙色预警信号	6 小时内可能出现冰雹天气，并可能造成雹灾
冰雹红色预警信号	2 小时内出现冰雹可能性极大，并可能造成重雹灾

2. 冰雹预警信号的含义

当气象部门发布冰雹预警信号时，意味着政府、有关单位、农业部门、城市和乡村居民等需要做好相应的防御准备工作。

（1）冰雹橙色预警防御指南

- 政府及相关部门按照职责做好防冰雹的应急工作。
- 气象部门做好人工防雹作业准备并择机进行作业。
- 户外行人立即到安全的地方暂避。

• 驱赶家禽、牲畜进入有顶篷的场所，妥善保护易受冰雹袭击的汽车等室外物品或者设备。

• 注意防御冰雹天气伴随的雷电灾害。

（2）冰雹红色预警防御指南

• 政府及相关部门按照职责做好防冰雹的应急和抢险工作。

• 气象部门适时开展人工防雹作业。

• 户外行人立即到安全的地方暂避。

• 驱赶家禽、牲畜进入有顶篷的场所，妥善保护易受冰雹袭击的汽车等室外物品或者设备。

• 注意防御冰雹天气伴随的雷电灾害。

话题2　冰雹的危害与防御

冰雹的危害

俗话说“雹打一条线”，其宽度一般只有1~2公里，但破坏性大。由于强风吹，冰雹砸，所经之处，往往房倒屋损，树木、电线杆倒折，农作物被毁，人畜被砸伤亡。特大的冰雹甚至能比柚子还大，会致人死亡、毁坏大片农田和树木、摧毁建筑物和车辆等，具有强大的杀伤力。雹灾是我国严重的自然灾害之一。

• 冰雹使农作物受机械损伤，从而引起各种生理障碍和诱发病虫害。

• 导致作物受冻害。

• 对牲畜和农业设施也有危害。

• 降雹造成土壤板结。

案例一 1987 年 3 月 14 日午后 7 点 30 分、晚 10 点，15 日午后 3 点 30 分，福建省部分地区遭龙卷风、冰雹袭击。7 乡 47 行政村遭灾，南山冰雹密度达每平方米 300 余粒，最大的约 5 公斤。全乡受灾 1 239 户，房屋严重受损 507 户，农作物遭严重破坏。长窝村村民钟大光家雹伤 3 人。全县受灾 2 965 户，17 925 人。重灾 1 120 户 6 729 人。毁坏房屋 6 715 间，毁瓦 4 712. 8 万片。早稻秧田受灾 1 313 亩，造成直接损失达 273. 4 万元。

案例二 2010 年 5 月 6 日 2 时许，重庆市垫江、梁平、涪陵、彭水等 12 个区县遭受了一场罕见的大风、冰雹、暴雨灾害。这次气象灾害属于特强风雹。截至 5 月 6 日 17 时，灾害造成 29 人死亡、1 人失踪、180 余人受伤。灾害还损坏了 5 万多间房屋，其中 6 240 间倒塌。受灾人口已达 89. 78 万人，71 097 人被紧急转移安置。

民间降雹预测

冰雹是春夏季节对农业生产危害较大的灾害性天气。冰雹出现时，常常伴有大风、剧烈的降温和强雷电现象。一场冰雹袭击后，轻者减产，重者绝收。准确的冰雹预报，对于在降雹前积极采取防护措施有重要的意义。

在做好冰雹预报、识别冰雹云并密切监视冰雹云的同时，要充分做好防雹准备。

民间提早预测冰雹有助于提前做好防雹准备，减少损失。我国劳动人民在长期与大自然斗争中根据对云中声、光、电现象的仔细观察，在认识冰雹的活动规律方面积累了丰富的经验。这些经验尽管预测时效不长，但比较好用，现总结如下：

- **感冷热** 如果下雹季节的早晨凉，湿度大，中午太阳辐射强烈，造成空气对流旺盛，则易发展成积雨云而形成冰雹。

> 民间有“早晨凉飕飕，午后打破头”“早晨露水重，后晌冰雹猛”的说法。

- **辨风向** 下雹前常常出现大风，且风向变化强烈。如果连续刮南风以后，风向转为西北风或北风，风力加大时，则冰雹往往伴随而来，因此有“不刮东风不下雨，不刮南风不降雹”之说。

> 农谚有“恶云见风长，冰雹随风落”“风拧云转、雹子片”等说法。

- **观云态** 从云的形状来看，冰雹来临以前，云内翻腾滚动十分厉害，有些地方把这种现象叫“云打架”，常常是两块或几块浓积云相对运动后合并而加强发展，往往有利的地形条件也加强了这种“云打架”的气流汇合，因此有“午后黑云滚成团，风雨冰雹汇齐来”“天黄闷热乌云翻，天河水吼防冰雹”等说法，说明当时空气对流极为旺盛，云块发展迅猛，好像浓烟股股地直往上冲，云层上下前后翻滚，这种云极易降冰雹。

各地有很多谚语是从云的颜色来说明下冰雹前兆的，在冰雹云来临时，天空常常显出红黄颜色。冰雹云底部是黑色或灰色，云体带杏黄色。有些地方有“地潮天黄，禾苗提防”（防冰雹）的说法，还有“不怕云里黑乌乌，就怕云里黑夹红，最怕红黄云下长白虫”“黑云尾、黄云头，冰雹打死羊和牛”的谚语。

• **听雷声** 根据雷雨云和冰雹云中雷电的不同特点，有“拉磨雷，雹一堆”的说法，这时的雷声沉闷，连绵不断，群众称这种雷为“拉磨雷”，所以有“响雷没有事，闷雷下蛋子”“雷声像拉磨，狂风夹冰雹”的说法。这是因为冰雹云中横闪比竖闪频数高，范围广，闪电的各部分发出的雷声和回声，混杂在一起，听起来有连续不断的感觉。

与雷声有关的经验还有“蜂子朝王声，冰雹将来临”。

• **识闪电** 冰雹云中的闪电大多是云块与云块之间的闪电，即“横闪”，说明云中形成冰雹的过程进行得很厉害。故有“竖闪冒得来，横闪防雹灾”的说法。

• **看物象** 各地看物象测冰雹的经验很多，如贵州有“鸿雁飞得低，冰雹来得急”“柳叶翻，下雹天”，山西有“牛羊中午不卧梁，下午冰雹要提防”“草心出白珠，下午雹临头”等谚语。

要注意以上经验一般不要只根据某一条就做定断，而需综合分析运用。

冰雹灾害的防御

我国是世界上人工防雹较早的国家之一。由于我国雹灾严重，所以防雹工作得到了政府的重视和支持。开展人工防雹，使其向人们期望的方向发展，达到减轻灾害的目的。

人工防雹就是采用人为的办法对一个地区上空可能产生冰雹的云层施加影响，使云中的冰雹胚胎不能发展成冰雹，或者使小冰粒在变成大冰雹之前就降落到地面。

目前使用的人工防雹方法有两种，一种是爆炸方法，另一种是催化方法。

- **爆炸方法**　近年来各地普遍采用空炸炮和土迫击炮，可发射至300～1 000米高度。

爆炸时产生的冲击波能影响冰雹云的气流，或使冰雹云改变移动方向。爆炸冲击波使过冷的水滴冻结，从而抑制冰粒增长，而小冰雹很容易化为雨，这样就收到了防雹的效果。

- **化学催化方法**　用高炮或火箭将装有碘化银的弹头发射到冰雹云的过冷却区，以喷焰或爆炸的方式播撒碘化银，或用飞机在云层下部播撒碘化银焰剂，药物的微粒产生冰核作用。过多的冰核分“食”过冷水而不让雹粒长大或拖延冰雹的增长时间。

人员防雹措施

- 尽量不要外出或站在露天场所，户外人员暂停劳作，到安全地方躲避。

• 关好门窗，妥善安置易受冰雹大风影响的室外物品。

• 冰雹来临时，要迅速在最近处找到带有顶篷、能够避雹防雹的安全场所。

• 户外遭遇冰雹，可找盆、筐、木板或利用随身物品遮挡头部、蹲下躲避，不要乱跑。

话题3　农业防雹及雹后自救措施

农业防雹措施

• 在多雹地带，种植牧草和树木，增加森林面积，改善地貌环境，破坏雹云条件，达到减少雹灾的目的。

• 根据当地冰雹出现的气候规律，选择种植抗雹能力强和恢复能力强的农作物。

• 根据当地冰雹出现的气候规律，适当调整播种时段，尽量使抽穗开花至灌浆成熟期避开冰雹危害时节。

• 当冰雹将要出现时，对已经或接近成熟的作物应组织劳力抢收堆垛，对于水稻秧田、育苗地可灌深水，雹后立即排水、套水。

• 多雹灾地区降雹季节，农民下地应随身携带防雹工具，如竹篮、柳条筐等，以减少人身伤亡。

• 关闭和覆盖好设施大棚，尽量减少损失。

农作物冰雹灾后生产自救

冰雹发生后，对农作物的致灾程度取决于降雹强度（雹块大小、密度和维持时间），还要视作物的生长阶段、作物恢复生长的能力，及时采取一些补救措施，尽量使灾害损失减到最小。具体为：

- 剪除空枝、空叶，摘除烂果。减少不必要的消耗，并集中起来统一烧毁或深埋。

- 追施叶面肥。

- 受雹灾后对能恢复生长的作物抓紧时机中耕松土，破除板结，增加土壤疏松性，提高地温，促进植物迅速生长。

- 防治病虫害。

- 对受灾后仍具有商品价值的经济作物，要抓紧抢收上市，尽可能减少损失。

- 绝收田块或受灾严重的田块，要及时改种补播。

第十九讲

大雾、霾灾害与防御

话题1　大雾及其预警

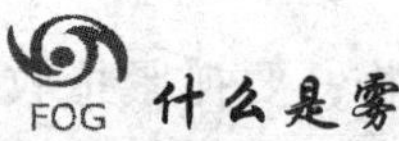

什么是雾

在水汽充足、微风及大气层稳定的情况下，如果接近地面的空气冷却至某程度时，空气中的水汽便会凝结成细微的水滴悬浮于空中，使地面水平的能见度下降，这种天气现象称为雾。雾的出现以春季2—4月间较多。

雾其实是空气中的小水珠附在空气中的灰尘上形成的，所以雾一多就表示空气中灰尘变多，大雾天气时，空气中烟尘、废气等有害物质容易在近地层空气中滞留，影响人体健康。

雾是对人类交通活动影响最大的天气之一。由于有雾时的能见度大大降低，很多交通工具都无法使用，如飞机等；或使用效率降低，如汽车、轮船等。

FOG

大雾的预警信号

大雾预警信号分为三级，分别以黄色、橙色、红色表示，如图19—1所示。

图 19—1　大雾预警信号等级标志

1. 大雾预警信号标准

大雾预警信号等级	标　准
大雾黄色预警信号	12 小时内可能出现能见度小于 500 米的雾，或者已经出现能见度小于 500 米、大于等于 200 米的雾并将持续
大雾橙色预警信号	6 小时内可能出现能见度小于 200 米的雾，或者已经出现能见度小于 200 米、大于等于 50 米的雾并将持续
大雾红色预警信号	2 小时内可能出现能见度小于 50 米的雾，或者已经出现能见度小于 50 米的雾并将持续

2. 大雾预警信号的含义

当气象部门发布大雾预警信号时，意味着政府、有关单位、农业部门、城市和乡村居民等需要做好相应的防御准备工作。

（1）大雾黄色预警防御指南

- 有关部门和单位按照职责做好防雾准备工作。
- 机场、高速公路、轮渡码头等单位加强交通管理，保障安全。
- 驾驶人员注意雾的变化，小心驾驶。
- 户外活动注意安全。

（2）大雾橙色预警防御指南

- 有关部门和单位按照职责做好防雾工作。
- 机场、高速公路、轮渡码头等单位加强调度指挥。
- 驾驶人员必须严格控制车、船的行进速度。
- 减少户外活动。

（3）大雾红色预警防御指南

- 有关部门和单位按照职责做好防雾应急工作。
- 有关单位按照行业规定适时采取交通安全管制措施，如机场暂停飞机起降，高速公路暂时封闭，轮渡暂时停航等。
- 驾驶人员根据雾天行驶规定，采取雾天预防措施，根据环境条件采取合理行驶方式，并尽快寻找安全停放区域停靠。
- 不要进行户外活动。

话题2　雾的危害与防御

大雾的危害

大雾中的水汽、酸性物质、重金属微粒、尘埃和各种病菌等物质，不仅会使大气能见度降低，还有其他的危害。

- **对人类健康的影响**　雾是近地面饱和水汽在酸性物质、重金属微粒、尘埃和各种病菌等凝结核上形成的悬浮的微小水珠。近地面湿度过大时，使人呼吸不畅，心情抑郁，并可能导致呼吸道疾病、关节炎，使腰腿痛等发病率明显提高。而雾气中含有的多种重金属微粒及化学元素、尘埃和病原微生物等有害物质，更是严重地危害人体健康。

• **对交通运输的影响** 在大雾天气里，空气的水平能见度很差，妨碍驾驶人员的视线。另外，公路、河运、航海、航空都不同程度地受到影响，高速公路和机场需要关闭。

• **对农业生产的影响** 长期处在大雾笼罩下的农作物，由于得不到充足的太阳光照而生长缓慢，甚至枯萎死亡。农作物、水果、蔬菜在生长过程中，若黏附上有害雾滴，不仅会长斑点，而且会促进霉菌的生长。

• **酸雾有极强的腐蚀作用** 含二氧化硫或氮氧化合物的酸雾，对建筑物、名胜古迹、金属构件都有极强的腐蚀作用，易造成无可挽回的损失。

• **对电力部门的影响** 如果大雾的雾气经常附着在输电线路的绝缘设备上，特别是含有酸性气体的雾气，更具有较强的导电性，会使输送变压设备的绝缘性下降，导致高压线路短路或跳闸，造成大面积停电，从而影响人们的生活和工农业生产。

FOG 大雾的应急防御

• 机动车驾驶员应打开防雾灯，密切关注路况；行驶中要减速慢行，控制好车速、车距。

• 大雾天气出行，行人应注意交通安全。应戴上口罩，防止吸入对人体有害的气体。

• 有呼吸道疾病或心肺疾病的人，大雾天不要外出。

• 大雾天空气湿度大，电力设备的绝缘表面会发生击穿现象，可能会造成大面积停电。因此，家中应准备一些照明用具。

- 不要在大雾天气从事田间劳动或其他户外工作。

话题3　霾的危害与防御

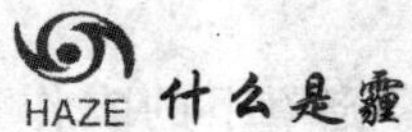

什么是霾

空气中的灰尘、硫酸、硝酸、有机碳氢化合物等粒子也能使大气混浊，视野模糊并导致能见度差，如果水平能见度小于10公里时，将这种非水成物组成的气溶胶粒子造成的视程障碍称为霾或灰霾。霾的厚度比较厚，可达1～3公里左右。由于灰尘、硫酸、硝酸等粒子组成的霾，其散射波长较长的光比较多，因而霾看起来呈黄色或橙灰色。

> 一般相对湿度小于80%时的大气混浊、视野模糊导致的能见度差是霾造成的；相对湿度大于90%时的大气混浊、视野模糊导致的能见度差是雾造成的；相对湿度介于80%～90%时的大气混浊、视野模糊导致的能见度差是霾和雾的混合物共同造成的，但其主要成分是霾。

霾预警信号

霾预警信号分为二级，分别以黄色、橙色表示，如图19—2所示。

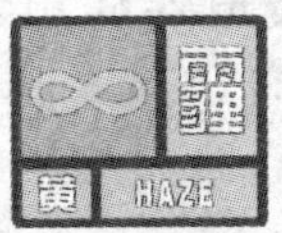

图 19—2　霾预警信号等级标志

1. 霾预警信号标准

霾预警信号等级	标　准
霾黄色预警信号	12 小时内可能出现能见度小于 3 000 米的霾，或者已经出现能见度小于 3 000 米的霾且可能持续
霾橙色预警信号	6 小时内可能出现能见度小于 2 000 米的霾，或者已经出现能见度小于 2 000 米的霾且可能持续

2. 霾预警信号的含义

当气象部门发布霾预警信号时，意味着政府、有关单位、农业部门、城市和乡村居民等需要做好相应的防御准备工作。

（1）霾黄色预警防御指南

- 驾驶人员小心驾驶。
- 因空气质量明显降低，人员需适当防护。
- 呼吸道疾病患者尽量减少外出，外出时可戴上口罩。

（2）霾橙色预警防御指南

- 机场、高速公路、轮渡码头等单位加强交通管理，保障安全。
- 驾驶人员谨慎驾驶。
- 空气质量差，人员需适当防护。

• 人员减少户外活动，呼吸道疾病患者尽量避免外出，外出时可戴上口罩。

HAZE 霾的危害

• **影响身体健康** 霾的组成成分非常复杂，包括数百种大气化学颗粒物质。其中有害健康的主要是直径小于10微米的气溶胶粒子，如矿物颗粒物、海盐、硫酸盐、硝酸盐、有机气溶胶粒子、燃料和汽车废气等，它能直接进入并黏附在人体呼吸道和肺叶中。尤其是亚微米粒子会分别沉积于上、下呼吸道和肺泡中，引起鼻炎、支气管炎等病症，长期处于这种环境还会诱发肺癌。

霾天气还可导致近地层紫外线的减弱，易使空气中的传染性病菌的活性增强，传染病增多。

• **影响心理健康** 阴沉的霾天气容易让人产生悲观情绪，使人精神郁闷，遇到不顺心的事情时情绪容易失控。

• **影响交通安全** 出现霾天气时，视野能见度低，空气质量差，容易引起交通阻塞，发生交通事故。

HAZE 霾的防御

• **老人孩子少出门** 抵抗力弱的老人儿童以及患有呼吸系统疾病的易感染人群应尽量少出门或减少户外活动，外出时应戴口罩防护身体。

• **行车走路加小心** 中等和重度霾天气下，能见度较低、视线差，驾车、骑车和步行的人们都应多加小心。

• **减少室外劳作** 最好暂停田间劳动或其他室外工作。

第二十讲 龙卷风灾害与防御

什么是龙卷风

龙卷风是一种强烈的、小范围的空气涡旋，是在极不稳定天气下由空气强烈对流运动而产生的，由雷暴云底伸展至地面的漏斗状云（龙卷）产生的强烈的旋风，其风力可达 12 级以上，最大可达每秒 100 米以上，一般伴有雷雨，有时也伴有冰雹。

龙卷风的危害

龙卷风是大气中最强烈的涡旋现象，影响范围虽小，但破坏力极大。它往往使成片庄稼、成万株果木瞬间被毁，令交通中断，房屋倒塌，人畜生命遭受损失。

龙卷风常发生于夏季的雷雨天气，尤以下午至傍晚最为多见。主要有以下特点：

• 袭击范围小，龙卷风的直径一般在十几米到数百米之间。

• 龙卷风的生存时间一般只有几分钟，最长也不超过数小时。

• 风力特别大，破坏力极强，龙卷风经过的地方，常会拔起大树、掀翻车辆、摧毁建筑物等，有时把人吸走，危害十分严重。

在强烈龙卷风的袭击下，房子屋顶会像滑翔翼般飞起来。一旦屋顶被卷走后，房子的其他部分也会跟着崩解。因此，建筑房屋时，如果能加强房顶的稳固性，将有助于防止龙卷风过境时造成巨大损失。

龙卷风的袭击突然而猛烈，产生的风是地面上最强的。

案例 2010年5月16日，黑龙江省绥化市部分地区发生龙卷风、冰雹等灾害。截至16日上午9时，灾害已造成7人死亡，98人受伤。灾害已波及28个乡镇、32个村，受灾人口8 502人，倒塌房屋380户1 015间，损坏房屋4 385间，因灾死亡大牲畜24头。

龙卷风的防御措施

- 在家时，务必远离门、窗和房屋的外围墙壁，躲到与龙卷风方向相反的墙壁或小房间内抱头蹲下。躲避龙卷风最安全的地方是地下室或半地下室。
- 在电线杆倒、房屋塌的紧急情况下，应及时切断电源，以防止电击人体或引起火灾。
- 在野外遇龙卷风时，应就近寻找低洼地伏于地面，但要远离大树、电线杆，以免被砸、被压和触电。
- 汽车外出遇到龙卷风时，千万不能开车躲避，也不要在汽车中躲避，因为汽车对龙卷风几乎没有防御能力，应立即离开汽车，到低洼地躲避。

第二十一讲 台风灾害与防御

话题1　台风及其预警

什么是台风

台风是热带气旋的一个类别。按世界气象组织定义：热带气旋中心持续风速达到12级（即每秒32.7米或以上）称为飓风。在北大西洋及东太平洋称为飓风，而在北太平洋西部则称为台风。

台风的预警信号

台风预警信号分为四级，分别以蓝色、黄色、橙色和红色表示，如图21—1所示。

图21—1　台风预警信号等级标志

1. 台风预警信号标准

台风预警信号等级	标　　准
台风蓝色预警信号	24 小时内可能或者已经受热带气旋影响，沿海或者陆地平均风力达 6 级以上，或者阵风 8 级以上并可能持续
台风黄色预警信号	24 小时内可能或者已经受热带气旋影响，沿海或者陆地平均风力达 8 级以上，或者阵风 10 级以上并可能持续
台风橙色预警信号	12 小时内可能或者已经受热带气旋影响，沿海或者陆地平均风力达 10 级以上，或者阵风 12 级以上并可能持续
台风红色预警信号	6 小时内可能或者已经受热带气旋影响，沿海或者陆地平均风力达 12 级以上，或者阵风达 14 级以上并可能持续

2. 台风预警信号的含义

当气象部门发布台风预警信号时，意味着政府、有关单位、农业部门、城市和乡村居民等需要做好相应的防御准备工作。

(1) 台风蓝色预警防御指南

- 政府及相关部门按照职责做好防台风准备工作。
- 停止露天集体活动和高空等户外危险作业。

• 相关水域水上作业和过往船舶采取积极的应对措施，如回港避风或者绕道航行等。

• 加固门窗、围板、棚架、广告牌等易被风吹动的搭建物，切断危险的室外电源。

（2）台风黄色预警防御指南

• 政府及相关部门按照职责做好防台风应急准备工作。

• 停止室内外大型集会和高空等户外危险作业。

• 相关水域水上作业和过往船舶采取积极的应对措施，加固港口设施，防止船舶走锚、搁浅和碰撞。

• 加固或者拆除易被风吹动的搭建物，人员切勿随意外出，确保老人小孩留在家中最安全的地方，危房内人员及时转移。

（3）台风橙色预警防御指南

• 政府及相关部门按照职责做好防台风抢险应急工作。

• 停止室内外大型集会，停课、停业（除特殊行业外）。

• 相关水域水上作业和过往船舶应当回港避风，加固港口设施，防止船舶走锚、搁浅和碰撞。

• 加固或者拆除易被风吹动的搭建物，人员应当尽可能待在防风安全的地方，当台风中心经过时风力会减小或者静止一段时间，切记强风将会突然吹袭，应当继续留在安全处避风，危房内人员及时转移。

• 相关地区应当注意防范强降水可能引发的山洪、地质灾害。

(4) 台风红色预警防御指南

• 政府及相关部门按照职责做好防台风应急和抢险工作。

• 停止集会、停课、停业（除特殊行业外）。

• 回港避风的船舶要视情况采取积极措施，妥善安排人员留守或者转移到安全地带。

• 加固或者拆除易被风吹动的搭建物，人员应当待在防风安全的地方，当台风中心经过时风力会减小或者静止一段时间，切记强风将会突然吹袭，应当继续留在安全处避风，危房内人员及时转移。

• 相关地区应当注意防范强降水可能引发的山洪、地质灾害。

台风的民间预报

• **“跑马云，台风临”** 跑马云的学名叫“碎积云”，云高1~2公里，属低云，是由状如馒头的积云破碎而成。跑马云的特点是移动迅速，势如跑马。这种云发生在热带气旋的外围时，预兆将受到热带气旋的侵袭。

• **“无风起长浪，不久狂风降”** 强热带气旋中心的极低气压和云墙区的大风，常使海面产生巨大的风浪和涌浪（长浪）。风浪的波长和周期较短，它离开热带气旋大风区后向四周传播，由于风力减小和能量消耗，浪高逐渐减小，周期变长，形成涌浪。涌浪传播的速度比台风的移动速度快2~3倍。因此，中心气压在940百帕以下的台风，影响我国2~3天，即可在我国东部沿海观测到涌浪。因此，可根据涌浪的传播变化，预测台风的到来。“无风起长浪，不久狂风降”就是这个意思。

• **“北风冷，台风循（遁）”** 热带气旋的路径，常受西北太平洋上空 3～5 公里的高空副热带高压脊周围气流的影响。当北方有较强冷空气（北风）南下时，副热带高压脊向南向东撤退，因而台风常发生转向。

• **“海水发臭，台风随到；海水不净，海上不静”** 这条谚语是根据海水污浊度来预报台风的。由于台风是一个中心气压很低的气旋式涡旋，在近海地区这个涡旋有时可以直冲海底把海底某些鱼类尸体、腐败物质翻起并向四周散开，海水很脏很臭。因而，我们也可以根据这个规律判断海上是否有台风。

话题 2　台风的危害与防御

台风的危害

台风是一种破坏力很强的灾害性天气，台风经过时常伴随着大风和暴雨或特大暴雨等强对流天气，也能起到消除干旱的有益作用。其危害性主要有三个方面：

• **大风** 台风中心附近最大风力一般为 8 级以上。

• **暴雨** 台风是最强的暴雨天气系统之一，在台风经过的地区，一般能产生 150～300 毫米降雨，少数台风能产生 1 000 毫米以上的特大暴雨。

• **风暴潮** 一般台风能使沿岸海水产生增水。台风过境时常常带来狂风暴雨天气，引起海面巨浪，严重威胁航海安全。登陆后，可摧毁庄稼、各种建筑设施等，造成人民生命、财产的巨大损失。

案例 2006年第8号超强台风“桑美”于8月10日17时25分在闽浙交界处登陆后，贯穿福建中北部，在福建省滞留12小时，给人民生命财产造成重大损失，特别是给宁德、福鼎等市（县）造成重大人员伤亡。全省有14个县市、164个乡镇受灾，受灾人口145.52万人、倒塌房屋4.57万间；直接经济总损失63.57亿元，截至8月15日，因灾死亡182人、失踪171人。

台风的防御措施

● 注意收听收看天气预报，发出台风预警后，及时检查和加固房屋，关紧门窗；准备好食物、水及药品。

● 对屋边大树采取防倒措施。

● 及时采摘和收获作物，并做好清沟理渠工作，防止涝害。

● 低洼地区和危房中的人员，要及时转移到安全场所。

● 台风来临时，尽量留在屋内，不要在近水路段行走，也不要在强风区域开车。

● 当风雨骤然停止时，有可能是进入台风眼，应仔细判断，确认台风远离后，再采取灾后恢复措施。

● 台风过后，及时排水，同时做好病虫害的防治。

专家提示：

1．千万别下海游泳。台风来时海滩助潮涌，大浪极其凶猛，在海滩游泳是十分危险的，所以千万不要去下海。

2.受伤后不要盲目自救，请找医生或拨打“120”。台风中外伤、骨折、触电等急救事故最多。

◆外伤主要是头部外伤，被刮倒的树木、电线杆或高空坠落物如花盆、瓦片等击伤。

◆电击伤主要是被刮倒的电线击中，或踩到掩在树木下的电线。不要打赤脚，最好穿雨靴，在防雨的同时起到绝缘作用，预防触电。走路时观察仔细再走，以免踩到电线。

◆通过小巷时，也要留心，因为围墙、电线杆倒塌的事故很容易发生。

◆高大建筑物下注意躲避高空坠物。

◆发生急救事故，先打“120”不要擅自搬动伤员或自己找车急救。搬动不当，对骨折患者会造成神经损伤，严重时会导致瘫痪。

3. 尽可能远离建筑工地。经过建筑工地时最好保持一定的距离。

◆有的工地围墙经过雨水渗透，可能会松动。

◆一些围栏可能会倒塌。

◆一些散落在高层建筑上没有及时收集的材料，譬如钢管、榔头等，可能会被风吹下。

◆远离有塔吊的地方，因为如果风大，塔吊臂有可能会折断。

◆远离建筑工地的脚手架，不要在下面行走。

4. 最好不要出行，如果一定要出行，建议乘坐火车在航空、铁路、公路三种交通方式中，公路交通一般受台风影响最大。如果一定要出行，建议不要自己开车，可以选择坐火车。

5. 检查家中门窗、房顶　台风来临前应将房顶上的物品移入室内，把门窗紧固拴牢，特别应对铝合金门窗采取防护，确保安全。出行时请注意远离迎风门窗，不要在大树下躲雨或停留。

第二十二讲
沙尘暴灾害与防御

话题1　沙尘暴及其预警

什么是沙尘暴

沙尘暴是沙暴和尘暴两者兼有的总称，是指强风把地面大量沙尘物质吹起并卷入空中，使空气特别混浊，水平能见度小于100米的严重风沙天气现象。

沙尘暴是一种风与沙相互作用的灾害性天气现象。它的形成与地球温室效应、厄尔尼诺现象、森林锐减、植被破坏、物种灭绝、气候异常等因素有着不可分割的关系。其中，人口膨胀导致的过度开发自然资源、过量砍伐森林、过度开垦土地是沙尘暴频发的主要原因。

沙尘暴的成分

通常情况下的沙尘暴仅存在于特定的地理环境中，但“看不见”的沙尘暴却无处不在，它对人体的危害程度远远高于可视沙尘暴。“看不见”的沙尘暴包括颗粒和气体：

- **颗粒**　粉尘、雾、降尘、飘尘、痰及排泄物干燥后的可漂浮微粒、细菌、病毒、真菌、化石燃料颗粒、螨虫肢体残骸等。

● **气体** 二氧化硫、三氧化硫、三氧化二硫、一氧化硫、一氧化碳、氧化亚氮、一氧化氮、二氧化氮、三氧化二氮、甲烷、乙烷、含氟气体、含氯气体以及各种有机污染物等。

沙尘暴预警信号

沙尘暴预警信号分为三级，分别以黄色、橙色、红色表示，如图 22—1 所示。

图 22—1　沙尘暴预警信号等级标志

1. 沙尘暴预警信号标准

沙尘暴预警信号等级	标　准
沙尘暴黄色预警信号	12 小时内可能出现沙尘暴天气（能见度小于 1 000 米），或者已经出现沙尘暴天气并可能持续
沙尘暴橙色预警信号	6 小时内可能出现强沙尘暴天气（能见度小于 500 米），或者已经出现强沙尘暴天气并可能持续
沙尘暴红色预警信号	6 小时内可能出现特强沙尘暴天气（能见度小于 50 米），或者已经出现特强沙尘暴天气并可能持续

2. 沙尘暴预警信号的含义

当气象部门发布沙尘暴预警信号时，意味着政府、有关单位、农业部门、城市和乡村居民等需要做好相应的防御准备工作。

（1）沙尘暴黄色预警防御指南

- 政府及相关部门按照职责做好防沙尘暴工作。
- 关好门窗，加固围板、棚架、广告牌等易被风吹动的搭建物，妥善安置易受大风影响的室外物品，遮盖建筑物资，做好精密仪器的密封工作。
- 注意携带口罩、纱巾等防尘用品，以免沙尘对眼睛和呼吸道造成损伤。
- 呼吸道疾病患者、对风沙较敏感人员不要到室外活动。

（2）沙尘暴橙色预警防御指南

- 政府及相关部门按照职责做好防沙尘暴应急工作。
- 停止露天活动和高空、水上等户外危险作业。
- 机场、铁路、高速公路等单位做好交通安全的防护措施，驾驶人员注意沙尘暴变化，小心驾驶。
- 行人注意尽量少骑自行车，户外人员应当戴好口罩、纱巾等防尘用品，注意交通安全。

（3）沙尘暴红色预警防御指南

- 政府及相关部门按照职责做好防沙尘暴应急抢险工作。
- 人员应当留在防风、防尘的地方，不要在户外活动。
- 学校、幼儿园推迟上学或者放学，直至特强沙尘暴结束。
- 飞机暂停起降，火车暂停运行，高速公路暂时封闭。

话题2　沙尘暴的危害与防御

沙尘暴的主要危害方式

• **强风**　携带细沙粉尘的强风摧毁建筑物及公用设施，造成人畜伤亡。

• **沙埋**　以风沙流的方式造成农田、渠道、村舍、铁路、草场等被大量流沙掩埋，尤其是对交通运输造成严重威胁。

• **土壤风蚀**　每次沙尘暴的沙尘源和影响区都会受到不同程度的风蚀危害，风蚀深度可达1～10厘米。据估计，我国每年由沙尘暴产生的土壤细粒物质流失高达106～107吨，其中绝大部分粒径在10微米以下，对源区农田和草场的土地生产力造成严重破坏。

• **大气污染**　在沙尘暴源地和影响区，大气中的可吸入颗粒物增加，大气污染加剧。

> 以1993年“5·5”特强沙尘暴为例，甘肃省金昌市室外空气的可吸入颗粒物浓度达到1 016毫克/立方米，室内为80毫克/立方米，超过国家空气质量标准的40倍。

沙尘暴的危害

沙尘暴天气是我国西北地区和华北北部地区出现的强灾害性天气，可造成房屋倒塌、交通供电受阻或中断；造成火灾、人畜伤亡等；污染自然环境，破坏作物生长，给国民经济建设和人民生命财产安全造成严重的损失和极大的危害。沙尘暴的危害主要在以下几方面：

1. 导致生态环境恶化

出现沙尘暴天气时狂风裹着沙石、浮尘到处弥漫，凡是经过的地区空气浑浊，呛鼻眯眼，呼吸道等疾病人数增加。

2. 影响正常生产生活

- 沙尘暴天气携带的大量沙尘蔽日遮光，天气阴沉，造成太阳辐射减少，几小时到十几个小时恶劣的能见度，容易使人心情沉闷，工作学习效率降低。
- 沙尘暴轻者可使大量牲畜患呼吸道及肠胃疾病，严重时将导致大量牲畜死亡，还会刮走农田沃土、种子和幼苗。
- 沙尘暴还会使地表层土壤风蚀、沙漠化加剧，覆盖在植物叶面上厚厚的沙尘，影响正常的光合作用，造成作物减产。
- 沙的危害主要是沙埋。在狭管、迎风和隆起等地形下，因为风速大，风沙危害主要是风蚀，而在背风凹洼等风速较小的地形下，风沙危害主要是沙埋。

3. 造成生命财产损失

沙尘暴携带沙砾的强劲气流所经之处，通过沙埋、狂风袭击、降温霜冻和污染大气等方式，使大片农田受到沙埋或被刮走活沃土，或者农作物受霜冻之害；导致农作物有的绝收，有的大幅度减产，给人民生命财产造成严重损失。

我国受到沙尘暴的危害严重，特别是西北地区的工矿、交通、新兴城镇及其他水利、电力、煤田和油气井等设施，均受风沙危害或威胁，一旦出现沙尘暴或黑风暴，受害尤为严重。

案例一 1993年5月5日，发生在甘肃省金昌市、武威市、武威市民勤县、白银市等地的强沙尘暴天气，受灾农田253.55万亩，损失树木4.28万株，造成直接经济损失达2.36亿元，死亡50人，重伤153人。

案例二 受高空槽影响，2010年5月14日19时54分，一股强沙尘暴如同滚滚黑烟自西南方向向东北方向袭击了青海省格尔木地区。最小能见度为200米，最大风速达每秒22.3米，白昼立即变成“黑夜”。

此次沙尘暴来势迅猛、侵袭范围广、影响较大，是格尔木地区二十年来出现的罕见强沙尘天气，对交通、农业生产和市民生活影响较大，也严重影响了市区空气质量。市区街道大树、广告牌以及个别居民楼房玻璃被吹毁；部分路段的车辆严重堵塞；格尔木市盐桥路、八一路等部分路段停电；部分当地蔬菜大棚被吹塌、吹破。

4. 影响交通安全

沙尘暴天气经常影响交通安全，造成飞机不能正常起飞或降落，使汽车、火车车厢玻璃破损、停运或脱轨，还经常会引发公路交通事故。

5. 危害人体健康

与一般风暴相比，沙尘暴除了大风之外，还混有大量的尘埃颗粒、花粉、细菌和病毒以及其他一些对人体有害的物质。因此，沙尘暴被认为是传播某些疾病的媒介，而且因为波及的范围较大，会引起严重的公共卫生问题。当沙尘暴"吹"到下游地区而变成浮尘天气时，仍有大量不利于人体健康的微粒成分。当人暴露于沙尘天气中时，含有各种有毒化学物质、病菌等的尘土可透过层层防护进入到口、鼻、眼、耳中。这些含有大量有害物质的尘土若得不到及时清理将对这些器官造成损害或病菌以这些器官为侵入点，引发各种疾病。

• 引发过敏反应症状，如过敏性鼻炎、过敏性皮肤瘙痒症等。

• 引起眼睛疼痛、流泪，如不清除沙尘，或用手揉眼睛，均会引起细菌性或病毒性眼病。

• 沙尘暴还会引起呼吸系统疾病。空气质量不好，使得一些呼吸道本来就不健康的人出现干咳、咳痰、咯血症状，同时还可能伴有高烧。

• 大风使地表蒸发强烈，驱走大量的水汽，空气中的湿度大大降低，使人口干唇裂，鼻腔黏膜因干燥而弹性削弱，易出现微小裂口，防病功能随之降低，空气中的病菌就会乘虚而入。

DUST 沙尘暴的治理和防御措施

• 加强环境的保护，把环境的保护提到法制的高度来。

• 恢复植被，加强防止风、沙尘暴的生物防护体系。实行依法保护和恢复林草植被，防止土地沙化进一步扩大，尽可能减少沙尘源地。

• 根据不同地区条件因地制宜制定防灾、抗灾、救灾规划，积极推广各种减灾技术，并建设一批示范工程，以点带面逐步推广，进一步完善区域综合防御体系。

• 控制人口增长，减轻人为因素对土地的压力，保护好环境。

• 加强沙尘暴的发生、危害与人类活动关系的科普宣传，使人们认识到所生活的环境一旦破坏，就很难恢复，不仅加剧沙尘暴等自然灾害，还会形成恶性循环，所以人们要自觉地保护自己的生存环境。

DUST 人员防护措施

• 保持室内环境的清洁、干燥，减少室内尘螨、真菌、细菌等的数量。及时关闭门窗，必要时可用胶条对门窗进行密封。

• 室内不宜过多使用含有机化学物的材料。

• 外出时要戴口罩，用纱巾蒙住头，以免沙尘侵害眼睛和呼吸道而造成损伤。应特别注意交通安全。

• 从尘土较重或人群集中场所归来尽快洗鼻，清除鼻腔中各类颗粒和溶于鼻黏液中的有害化学物质以及各种细菌、病毒等。

• 定时洗鼻，如晨起时及晚睡前，保持鼻腔正常的生理环境，为组织的恢复及正常运行提供条件。

• 机动车和非机动车应减速慢行，密切注意路况，谨慎驾驶。

• 妥善安置易受沙尘暴损坏的室外物品。

• 发生强沙尘暴天气时不宜出门，尤其是老人、儿童及患有呼吸道过敏性疾病的人。

• 平时要做好防风防沙的各项准备。

附录一
生活中的天气预报

山区天气变化常识

1. 天气变好的征兆

- 白天时，谷风一般自下而上吹，在夜间则正好相反，一般从峰顶向山谷下方吹。
- 白天（特别是早上）可见山口一朵朵的云团逐渐分化为雾气，并逐渐消散。
- 傍晚日落时，在西方山谷上空出现一片片橙色或玫瑰色晚霞（火烧云）。
- 傍晚时山下有雾，而且天气较凉（入夜寒），说明第二天天气可能较好。
- 清晨草地见有露水和霜冻。
- 星光稳定，很少闪烁。

2. 天气变坏的征兆

- 白天，谷风从山顶吹向山谷，夜间从山谷吹向山顶。
- 早晨出现绢云，而后黑云增多，并徐徐下沉。
- 云团行走很快，并有增多的趋势，这可能是暴风雨的前兆。
- 风向突然变化，并越来越大，同时还伴有乌云吹来。
- 在干热或雾气弥漫过后，突然能见度转好。
- 清晨雾满山谷，至晚仍不消散。

● 白天太阳周围出现大晕圈，夜间月亮周围出现小晕圈，这是大风的征兆。

● 在黎明前星光闪烁不定。

● 傍晚气温增高，夜间很暖、闷热。

● 半山谷的云雾上升，可能是暴风雨将来的征兆。

农谚中的天气预报

所谓农谚中的天气预报，就是农民将长期的测天经验，总结成一些谚语，预报天气。群众的测天经验，大多是通过观察当地的一些天象（风、云、雨、雪、霜、晕等）和物象（动植物的生活动态、反常现象及非生物反应）总结得出的。这些经验以歌谚的形式表达和流传下来。

1. 看霞、虹、晕测天气

●“早霞不出门，晚霞行千里”。早霞预示天气将转阴雨，而晚霞则表示云层已东去，未来天气将转晴。

●“东虹日头西虹雨”。虹必然是出现在太阳雨相对方向。有东虹出现，表明雨云将移出本地，天气将转晴，天空出现西虹时，西方的雨云将移到本地，天气将转阴雨。

●“日晕三更雨，月晕午时风”。晴天之后出现晕，预示有风雨。白天太阳周围出现大晕圈，夜间月亮周围出现小晕圈，这是大风的征兆。

●“日月有风圈，无雨也风颠”。

●“日落胭脂红，无雨便是风”。

●“日出太阳黄，午后风必狂”“日落黄澄澄，明日刮大风”。

2. 看云测天气

云的变化反映了大气中水分的变化及大气的运动状况，

它与降水关系密切。

●“鱼鳞云，不雨也风颠”。

●“天上匆匆云，地下水淋淋”。

●“铁砧云，雨淋淋”。

●“钩钩云消散，晴天多干旱”。

●“晚上西北暗，有雨还有闪”“晚若西北明，来日天气晴”。

●“早怕南云漫，晚怕北云翻”“云从东南涨，有雨不过晌”。

●“西北来云无好货，不是风灾就下雹”“西北恶云长，冰雹在后晌”“暴热黑云起，雹子要落地”“黑黄云滚翻，冰雹在眼前”。

●“八月十五云遮月，正月十五雪打灯”（或“正月十五雨纷纷”）。

3. 看雾、露、霜测天气

●“早晨放雾露，晌午晒葫芦”。

●“久阴大雾晴”“久晴大雾雨”。

●“露水见晴天”“严霜出毒日”。

●“雾日头，夏雾雨，秋雾凉，冬雾雪”。

●“雾气升山顶，将有倾盆大雨；雾气散大地，无风且无雨”。

●“夏雨少，秋霜早”“夏雨淋透，霜期退后”。

4. 看风测天气

大规模的空气流动将引起大气的大变化。

●“南风刮到底，北风来还礼”“东南风、雨祖宗，东北风、雨太公”。

- “三日南大风，必有一场雨”。
- “西北风是开天钥匙”。
- “无风现长浪，不久风必狂”“无风起横浪，三天台风降”。
- “雹来顺风走，顶风就扭头”。
- “立夏风不住，刮到麦子熟”。
- “冬暖春风多，冬冷春风少”。
- “冬季北风多，夏天台风多”。

5. 看雷电测天气

- “雷声像拉磨，狂风夹冰雹”。
- “朝有棉絮云　下午雷雨鸣”。
- “雷声连成片，雨下沟河漫”。
- “东闪晴，西闪雨，南闪雾露北闪水”。

6. 看星星测天气

- “星星稀披雨衣，星星密晒脱皮”。
- “星星眨眼，大雨不远”。
- “北斗星发红，主雨”。
- “星星水汪汪，下雨有希望”“星星眨眨眼，出门要带伞”。

7. 看物象测天气

水汽增多或气压降低，晴天将转变成为阴雨天，同时会引起动物的某些生理反应。

- “燕子低飞蛤蟆叫，蚯蚓搬家蛇过道，水缸穿裙山戴帽，大雨快来到”。
- “蟋蟀上房叫，庄稼挨水泡”“蜻蜓千百绕，不日雨来到”。

8. 展望旱涝、降水、冷暖趋势

- “春风对秋雨，怪风有怪雨”。
- “秋后雨水多，来夏淹山坡”。
- “冬旱夏涝”。
- “旱刮东风不雨，涝刮西风不晴”。
- “五月南风下大雨，六月南风井底干”。
- “东风湿，西风干，北风寒，南风暖”。
- “冬暖春寒”。
- “三九不冷看六九，六九不冷倒春寒”。

专家提示：我国的天气预报农谚历史悠久，涉及地域广阔，内容丰富。群众在利用和借鉴时，一定要结合当地常年的气候特征运用，不可生搬硬套，同时应不断观察和总结出新的适合当地的测天经验，因为影响天气的因素很多，不管是短期还是长期，都是富于变化的。

附录二 常用气象术语解释

我们收听收看天气预报，常听到一些术语，气象上的表达方式和我们日常的理解还是有一些区别的。

1. 降水量

降水量是衡量一个地区在某段时间内降水多少的数据。

气象上降水量就是指从天空降落到地面上的液态和固态（经融化后）降水，没有经过蒸发、渗透和流失而在水平面上积聚的深度。它的单位是毫米。

按气象观测规范规定，气象站在有降水的情况下，每6小时观测一次。6小时中降下来的雨雪融化为水，称为6小时降水量；24小时降下来的雨雪融化为水，称为24小时降水量；一个旬降下来的雨雪融化为水，称为旬降水量……一年中，降下来的雨雪融化为水，称为“年降水量”。把一个地方多年的年降水量平均起来，就称为这个地方的“平均年雨量”。

降水量测量一般是用口径20厘米的漏斗收集，用专门的雨量计测出降水的毫米数。如果测的是雪、雹等特殊形式的降水，则一般将其融化成水再进行测量。在没有测量雨量的情况下，我们也可以从当时的降雨状况来判断降水强度：

- **小雨**：雨滴下降清晰可辨；地面全湿，但无积水或积水形成很慢。

- **中雨**：雨滴下降连续成线，雨滴四溅，可闻雨声；地面积水形成较快。

- **大雨**：雨滴下降模糊成片，四溅很高，雨声激烈；地面积水形成很快。

- **暴雨**：雨如倾盆，雨声猛烈，开窗说话时，声音受雨声干扰而听不清楚；积水形成特快，下水道往往来不及排泄，常有外溢现象。

2. 气温

天气预报中所说的气温，指在野外空气流通、不受太阳直射下测得的空气温度（一般在百叶箱内测定）。最高气温是一日内气温的最高值，一般出现在 14～15 时，最低气温一般出现在早晨 5～6 时。中国用摄氏温标，以℃表示摄氏度。一般一天观测 4 次（02、08、14、20 四个时次），部分观测站根据实际情况，一天观测 3 次（08、14、20 三个时次）。

参 考 文 献

[1] 首都市民防灾应急手册．北京市突发公共事件应急委员会办公室．北京：北京出版社，2006

[2] 林朝昌．加强自身防护，减少雷击伤亡．见中国雷电与防护网络版．2004．NO2

[3] 梅忠恕．雷击人身伤害和防雷知识要点．见中国电子商情防雷技术．2005

[4] 王桂娟，李冬霞．农谚中的天气预报．吉林气象，2003

[5] 苏玉君．应重视提高农业防御极端干旱的能力——访全国政协委员、中国气象局局长郑国光．中国气象报，2009

[6]《中国大百科全书》总编委会．中国大百科全书（第2版）．北京：中国大百科全书出版社，2009

[7]《中国大百科全书》总编委会．中国大百科全书（大气科学　海洋科学　水文科学）．北京：中国大百科全书出版社，1987